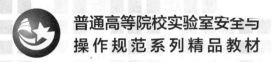

普通高等院校实验室安全与
操作规范系列精品教材

生命科学实验室安全与操作规范

主　编　苏　莉　曾小美　王　珍
副主编　刘亚丰　丁媛媛
编　委　（以姓氏笔画为序）

　　　　丁媛媛　（华中科技大学　生命科学与技术学院）
　　　　王　珍　（华中科技大学　武汉光电国家研究中心）
　　　　卢　昂　（华中科技大学　生命科学与技术学院）
　　　　冯凌云　（华中科技大学　生命科学与技术学院）
　　　　朱阳进　（华中科技大学　生命科学与技术学院）
　　　　刘亚丰　（华中科技大学　国家级生命科学与技术虚拟仿真实验教学中心）
　　　　刘秀丽　（华中科技大学　武汉光电国家研究中心）
　　　　苏　莉　（华中科技大学　国家级生命科学与技术虚拟仿真实验教学中心，
　　　　　　　　　华中科技大学　生命科学与技术学院）
　　　　杨光影　（华中科技大学　生命科学与技术学院）
　　　　吴元喜　（华中科技大学　国家级生命科学与技术虚拟仿真实验教学中心）
　　　　岑峻宇　（华中科技大学　生命科学与技术学院）
　　　　张子昂　（华中科技大学　生命科学与技术学院）
　　　　陆　婕　（华中科技大学　生命科学与技术学院）
　　　　秦　曦　（华中科技大学　生命科学与技术学院）
　　　　郭丽娟　（华中科技大学　生命科学与技术学院）
　　　　曹焰晖　（华中科技大学　生命科学与技术学院）
　　　　蒋　涛　（华中科技大学　生命科学与技术学院）
　　　　曾小美　（华中科技大学　生命科学与技术学院）

华中科技大学出版社
http://www.hustp.com
中国·武汉

内容简介

本书针对生命科学基础实验、综合性实验、设计型实验以及科学研究活动，以一级生物安全水平基础实验室为参照，就实验过程中的安全隐患及防范措施进行分类陈述，包括生命科学实验室基本安全知识、常用仪器安全操作规范、生物化学试剂安全使用规范、实验材料存储及操作规范、实验室安全及事故处理等内容。本书旨在培养学生和研究人员规范操作技能和加强安全操作意识，可作为生命科学相关专业学生安全培训的教材，也可作为生命科学实验室研究人员、管理人员、工作人员的参考书籍。

图书在版编目(CIP)数据

生命科学实验室安全与操作规范/苏莉,曾小美,王珍主编.—武汉：华中科技大学出版社,2018.1(2021.11重印)
全国普通高等院校生物实验教学示范中心"十三五"规划教材
ISBN 978-7-5680-3460-9

Ⅰ.①生… Ⅱ.①苏… ②曾… ③王… Ⅲ.①生命科学-实验室管理-安全管理 管理规范-高等学校-教材 Ⅳ.①Q1-65

中国版本图书馆 CIP 数据核字(2017)第 323465 号

生命科学实验室安全与操作规范　　　　　　　　　　　苏　莉　曾小美　王　珍　主编
Shengming Kexue Shiyanshi Anquan yu Caozuo Guifan

策划编辑：罗　伟
责任编辑：熊　彦
封面设计：原色设计
责任校对：何　欢
责任监印：周治超

出版发行：华中科技大学出版社(中国·武汉)　　电话：(027)81321913
　　　　　武汉市东湖新技术开发区华工科技园　　邮编：430223
录　　排：华中科技大学惠友文印中心
印　　刷：武汉科源印刷设计有限公司
开　　本：787mm×1092mm　1/16
印　　张：7.5
字　　数：177千字
版　　次：2021年11月第1版第3次印刷
定　　价：39.00元

本书若有印装质量问题，请向出版社营销中心调换
全国免费服务热线：400-6679-118　　竭诚为您服务
版权所有　侵权必究

前言
QIANYAN

生命科学实验室是高等院校生命科学相关专业师生进行教学实践和开展科学研究的重要场所，是训练和提升学生实验技能和科研创新能力的基地，在科学研究和人才培养中发挥着重要作用。但是，生命科学实验室通常会涉及有毒有害化学品、易燃易爆危险品、生物材料和生物试剂、病原菌以及高温、高压、超低温、强磁场、高辐射、高转速等特殊条件，存在一定的安全隐患。掌握实验室基本安全知识和规范操作技术是人才培养和科学研究顺利进行的前提和保障。实验事故发生通常是因实验操作人员缺乏基本安全知识、实验操作不规范所导致，从而造成人员伤害或者财产损失等严重后果。因此，加强实验室人身安全、财产安全和环境安全教育、认真学习实验室基本安全知识、了解仪器设备的基本性能和规范操作、充分了解生物化学试剂和生物材料的种类和特性及安全使用，才能有效防范和杜绝实验事故发生。

本书内容简明实用，仪器安全操作规范除了文字叙述外，还以操作流程图表示；部分仪器的规范使用，以实验操作视频和虚拟仿真实验等形式呈现；安全注意事项以绘图的形式重点展示。本书图文并茂、虚实互补，突出重点和细节，有很强的针对性和可操作性，通俗易懂。

本书参编人员均是生命科学实验室一线工作人员、具有多年科学研究和教学经验，因此书中内容具有很强的针对性和实践指导意义，可作为生命科学相关专业学生安全培训的教材，也可作为生命科学实验室研究人员、管理人员、工作人员的参考书籍。

编 者

增 值 服 务

华中科技大学国家级虚拟仿真实验教学中心,设计开发了虚拟仿真实验共享平台,包括超声波破碎仪仿真操作实验、冷冻干燥机仿真操作实验、离心机仿真操作实验等多个常用仪器类或技术类虚拟仿真实验。通过账号和密码登录该平台,可开展相关实验项目的虚拟仿真操作。

虚拟仿真实验共享平台采用 C/S 结构,首次登录该共享平台,需下载客户端应用程序,具体操作如下:

(1) 在计算机上打开网页浏览器,在地址栏输入 http://lifelab.hust.edu.cn/xnfz/gxpt.htm,并回车,则登录虚拟仿真实验共享平台页面;

(2) 在页面右侧,点击"客户端下载"按钮,下载生物技术综合设计虚拟仿真系统客户端程序;

(3) 下载完成后,解压该客户端程序;

(4) 双击"华科生物技术综合设计系统.exe"文件,系统登录界面弹出;

(5) 根据网站提供的免费账号(用户名:u201400001;密码:hustlife)登录应用系统;

(6) 在屏幕上端点击"模块化技术"按钮进入仪器类或技术类虚拟仿真实验。

生物实验室安全
教育与评测系统

目录

第1章 生命科学实验室基本安全知识 /1

1.1 生命科学实验室分级及基本注意事项 /1
1.2 生命科学实验室用水安全 /3
1.3 生命科学实验室用电安全 /4
1.4 生命科学实验室用气安全 /6
1.5 生命科学实验室声安全 /7
1.6 生命科学实验室光安全 /8

第2章 生命科学实验室常用仪器安全操作规范 /14

2.1 高压灭菌锅的操作规范及使用注意事项 /14
2.2 烘箱的操作规范及使用注意事项 /17
2.3 超低温冰箱的操作规范及使用注意事项 /18
2.4 液氮罐的操作规范及使用注意事项 /18
2.5 离心机的操作规范及使用注意事项 /20
2.6 生物安全柜的操作规范及使用注意事项 /23
2.7 超净工作台的操作规范及使用注意事项 /24
2.8 通风橱的操作规范及使用注意事项 /26
2.9 紫外分析仪的操作规范及使用注意事项 /27
2.10 激光器的操作规范及使用注意事项 /28
2.11 激光功率计的操作规范及使用注意事项 /30
2.12 生物信号采集与分析系统的操作规范及使用注意事项 /31

第3章 生物化学试剂安全使用规范 /36

3.1 有毒害试剂 /36
3.2 化学性质不稳定的试剂 /40
3.3 动物麻醉药品 /43

第4章 实验材料存储及操作规范　　/ 47

4.1 实验动物材料的存储及使用规范　　/ 47
4.2 人与动物的血液样本　　/ 51
4.3 微生物材料　　/ 52
4.4 生物大分子材料　　/ 53

第5章 实验室安全及事故处理　　/ 58

5.1 火灾事故　　/ 58
5.2 爆炸事故　　/ 60
5.3 中毒与灼伤事故　　/ 62

第6章 常见仪器操作步骤图解　　/ 68

6.1 立式高压灭菌锅的操作规范　　/ 68
6.2 液氮罐的规范操作　　/ 82
6.3 超速离心机的操作规范　　/ 93
6.4 紫外分析仪的操作规范　　/ 104

参考文献　　/ 114

第 1 章 生命科学实验室基本安全知识

根据所使用生物材料对使用者具有感染性威胁的危险程度,生命科学实验室通常分为生物安全防护实验室或者生物安全实验室四个等级,级别越高,潜在危险越大。本章将针对实验室所涉及的基本安全知识进行阐述,涵盖用水安全、用电安全、用气安全、声安全和光安全等。

1.1 生命科学实验室分级及基本注意事项

1.1.1 生命科学实验室分级

依据世界卫生组织《实验室生物安全手册》相关内容,生命科学实验室分为生物安全防护实验室 P1、P2、P3 和 P4 或者生物安全实验室 BSL1、BSL2、BSL3 和 BSL4 四个等级。用于基础教学和科学研究的实验室为 P1 实验室,P4 实验室为最高安全级别实验室。

(1) P1 实验室是一级生物安全水平基础实验室,用于基础教学和科学研究活动。适用于涉及不太可能引起人或动物致病的微生物等相关实验操作,操作人员应遵循微生物操作技术规范。在此类实验室从事生命科学相关教学和科研时,不会让使用者或实验动物生病,对实验人员和环境危险性较小,可以使用开放实验台。

(2) P2 实验室是二级生物安全水平基础实验室,用于初级卫生服务、诊断、研究。适用于涉及对人和环境有中度潜在危险的病原体相关实验操作,操作人员遵循微生物操作技术规范,并穿防护服,有明确的生物危害标志。但在 P2 实验室疾病传播的危险有限,对感染具备有效的预防和治疗措施,对实验室使用者以及实验动物不易导致严重危害。在此类实验室从事相关实验操作时,应限制人员进入实验区域。

(3) P3 实验室是三级生物安全水平防护实验室,用于特殊的诊断和研究。适用于涉及通常能引起人或动物严重疾病的病原体相关实验操作。在 P3 实验室疾病传播的危险有限,对感染具备有效的预防和治疗措施。在此类实验室从事相关实验操作时,非准许人员禁止入内。

（4）P4 实验室是四级生物安全水平防护实验室，用于危险病原体研究。适用于涉及通常能引起人或动物严重疾病的病原体相关实验操作，疾病易传播，对感染尚无有效的预防和治疗措施。此类实验室位于明确划分区域的独立建筑内。在此类实验室从事相关实验操作时，非准许人员严禁入内。

1.1.2　生命科学实验室的基本安全知识

在生命科学实验室从事教学和科学研究活动过程中均需学习和掌握相关基本安全知识，以保障师生和研究者以及实验动物和实验环境的安全。

（1）明确实验室安全工作原则：以人为本、安全第一、预防为主、教育为先。

（2）只能从事实验室安全级别规定范围内的实验内容，不能进行任何超过实验室安全级别的实验。

（3）办公区和实验区严格区分，不在实验室存放任何与实验无关的物品。

（4）禁止无关人员随意进出实验室。

（5）实验时必须穿实验服、戴专用手套，离开实验室时将实验服脱下。实验服不得与其他衣服混放或混洗。

（6）实验药品必须贴好标签，分类存放，使用后放回原处。

（7）实验用微生物必须按要求规范保存。

（8）严禁将药品和器材带出实验室。

（9）实验室内不得吃东西，禁止用实验室冰箱存放水果和饮料等物品（见图1.1.1）。

（10）定期安排人员打扫卫生，及时清除废品，保持实验室洁净。

（11）消防器材必须放在显眼的位置，不得挪作他用。

（12）安全通道不得放置任何杂物，保障安全通道畅通。

图1.1.1　实验室内冰箱安全使用注意事项

注：禁止使用实验室冰箱存放水果和饮料等物品。

1.2 生命科学实验室用水安全

1.2.1 生命科学实验室用水分类

在生命科学实验室中,水常用来配制溶液、维持需水仪器的正常运行、清洗实验器皿等。按照纯度级别由低到高的顺序,水可分为蒸馏水、双蒸水、去离子水和超纯水。实验过程中应根据具体实验内容和需求选取纯度合适的水作为实验用水。实验室用水标准可参照中国国家标准化管理委员会发布的国家标准(GB/T 6682—2008),以保障实验结果的准确和仪器设备的安全。

(1) 蒸馏水不含杂质,常用于化学试剂的配制、实验器皿的清洗、某些仪器的运行维护等。

(2) 双蒸水是经过两次蒸馏过程后得到的,水中的无机盐、有机物、微生物、可溶解气体和挥发性杂质含量极低,常用于配制缓冲液、洗涤实验器皿、清洁和维护精密需水设备等。

(3) 去离子水是通过阳离子和阴离子交换柱除去离子和杂质的,也称为离子交换水,常用于配制缓冲液、洗涤有特殊要求的实验器皿、清洁和维护精密需水设备等。

(4) 超纯水是经过预处理、去离子化、反渗透技术、超纯化处理等多种工艺流程获得的电阻率约为 18.25 M$\Omega \cdot$cm(25 ℃)、含盐量低于 0.1 mg/L 的纯水。超纯水中几乎不含电解质、气体、胶体、有机物、细菌、病毒等,理论上只有氢离子和氢氧根离子。超纯水常用于配制无电解质溶液、开展精密实验和维护极精密需水仪器设备等。

1.2.2 生命科学实验室用水的基本安全知识

(1) 实验室的水不能饮用。

(2) 实验室的水源、储存水、用水过程均须远离电源。

(3) 实验用水须存放于专用容器内,防止水污染。

(4) 实验用水的制备过程中、液体加热时人不可离场,防止溢出和暴沸。

(5) 定期检查用水设施是否完好,有无漏水隐患。不得擅自移动供水设备,防止设备受损。

(6) 不得戴沾有水的手套操作仪器,防止触电。

(7) 若遇突然停水,须检查阀门是否关闭,防止来水时实验室无人水满溢出和仪器设备受损。

(8) 离开实验室之前须检查所有水阀是否关闭。实验室长期无人时,须关闭水阀和仪器设备开关。

(9) 常用的需水仪器设备及其主要安全隐患:

① 蒸馏装置：缺水、漏水。
② 纯水仪：缺水、漏水，使用者忘记关闭出水口。
③ 制冰机：缺水、漏水、控温装置失灵导致冰水溢出。
④ 水浴锅：缺水、漏水、干烧。
⑤ 超声清洗仪：水量少或水过量。
⑥ 灭菌锅：缺水、干烧、漏水、水过量，排气口浸入水中易发生倒吸。
⑦ 电泳仪：漏液、漏电。

1.3 生命科学实验室用电安全

1.3.1 生命科学实验室常用电的分类

生命科学实验室的常用电有直流电和交流电两种。直流电的电源常见于干电池、蓄电池等，也可通过转换器、整流器（阻止电流反方向流动）以及过滤器（消除整流器流出的电流中的跳动）将交流电转变为直流电。实验室内常用计算机硬件、万用表、便携式紫外分析仪等都需要直流电来提供电能。交流电包括三相电、两相电和单相电。三相电由三根相线组成，三根线之间电压都是 380 V，常用于三相电源供电设备和特殊要求设备，例如三相电动机、−80 ℃冰箱等。两相电由两根相线组成，电压也是 380 V，常用于交流焊机等设备。单相电由一根火线与一根零线组成，火线就是电路中输送电的电源线，零线主要应用于工作回路，从变压器中性点接地后引出主干线，电压为 220 V，常用于照明、家用电器等。实验室的照明用电以及常用仪器设备均为单相电。

1.3.2 生命科学实验室常用电使用的基本安全知识

(1) 中国居民用电电压为 220 V。当电压高于 36 V、电流高于 10 mA 时，会发生人体触电危险。

(2) 实验室常用电源插座包括单相两孔、单相三孔、三相四孔等，其中三孔和四孔插座有专用的保护接零或接地线插孔，该插孔一定要和实验室的零线、地线相连。三孔插座的上孔接地线，左孔接零线，右孔接火线。两孔插座的左孔接零线，右孔接火线。国内标准插座中的红色表示火线(live, L)，蓝色表示零线(neutral, N)，黄绿相间色表示地线(earth, E)。地线俗称花线。明装插座在安装时离地高度不得低于 1.3 m，暗装插座离地高度通常为 0.2~0.5 m。插座必须严格按国家标准安装，杜绝安全隐患。

(3) 连接电路前应考虑电器和插座的功率是否相符合，确认所用电器的功率之和不能超过插座的额定功率，如超过了插座的额定功率，插座就会因电流太大而发热烧毁，严重时甚至会造成火灾。

(4) 安装电闸和电器时必须使用标准的、型号相符的保险丝，严禁用其他金属丝线代替,否则容易使电器损坏,甚至造成火灾。

(5) 实验室发生瞬间断电或电压波动较大时,可断开某些大功率仪器设备的电源,供电稳定后再启用。例如-80 ℃冰箱,断电后又在3~5 min恢复供电,因其压缩机所承受的启动电流要比正常启动电流大好几倍,可能会烧毁压缩机。

(6) 使用实验室电器时,先插插座,再接电源;停用时则先关闭电源,再拔出插座。

(7) 在实验室配制液体试剂时应注意远离电源,防止引起线路短路(见图1.3.1)。

(8) 禁止私拉、乱接电线。电器的电源线破损时,必须切断电源并更换电源线。

(9) 禁止随意移动带电的仪器设备,如需移动,必须切断电源,防止触电。

(10) 禁止用湿手接触带电的开关,用湿手拔、插电源插头,用湿手接触带电设备和用湿手更换电气元件。禁止用湿布擦抹带电设备。

(11) 检查和修理电器时,必须先断开电源。如电器损坏,须请专业人员或送维修店修理,严禁非专业人员在带电情况下打开电器自行修理。

图 1.3.1　配制试剂时用电安全使用注意事项

注:配制液体试剂时应防止液体溢出,并远离电源,否则易引起线路短路而导致火灾。

1.3.3　用电事故处理

(1) 发生触电事故时,救护者不能直接同触电者发生身体接触(见图1.3.2)。应立刻关掉电源总开关,然后用干燥的木棒将人和电线分开,并拨打120求助。同时对触电者进行以下救护措施:

① 解开妨碍触电者呼吸的紧身衣服。

② 检查触电者的口腔,清理口腔的黏液,如有假牙,应取下。

③ 若呼吸停止,采用口对口人工呼吸法抢救,若心脏停止跳动或不规则颤动,可采用人工胸外挤压法抢救,决不可无故放弃救助。

(2) 万一发生了火灾,首先要想办法迅速切断火灾范围内的电源。如果火灾是电气方面引起的,切断了电源,也就切断了起火的火源;如果火灾不是电气方面引起的,也会烧坏绝缘导线(电线),若不切断电源,烧坏的电线会造成短路,引起更大范围的电线着火。

(3) 发生电气火灾后,应盖土、盖沙或使用灭火器,但决不能使用泡沫灭火器,因为泡沫灭火剂是导电的。

图 1.3.2　实验室触电事故处理的注意事项

注：发现实验人员意外触电时，应紧急切断电源，不可在未切断电源时用手触碰触电者身体。

1.4　生命科学实验室用气安全

1.4.1　实验室常用气体

实验室常用气体主要有二氧化碳、氧气、氮气、一氧化氮、氢气、天然气、压缩空气等，这些气体有些属于助燃、易燃、有毒气体，因此必须了解生命科学实验室常见气体的用途及性质（见表1.4.1），以避免事故发生。气瓶（气体钢瓶简称气瓶）外表面涂色和字样见《气瓶颜色标志》(GB/T 7144-2016)。

表 1.4.1　实验室常见气体种类、性质、用途及标识

名　称	性　质	用　途	气瓶标签及颜色	
			标签字颜色	气瓶颜色
氢气(H_2)	易燃	燃烧反应等	大红色	淡绿色
氧气(O_2)	助燃	燃烧反应等	黑色	淡蓝色
天然气	易燃	燃烧反应	白色	棕色
一氧化氮(NO)	有毒	氧化反应	黑色	白色
二氧化碳(CO_2)	—	细胞培养等	黑色	铝白色
氮气(N_2)	惰性气体	—	淡黄色	黑色
压缩空气			白色	黑色

1.4.2　气瓶的安全使用

（1）气瓶应存放在阴凉、干燥、远离热源的地方，可燃气体气瓶应与氧气瓶隔开放置。

（2）气瓶应直立存储，用专用支架固定。

(3) 可燃气体气瓶气门螺丝为反丝,其他为正丝。

(4) 不应让易燃有机物沾到气瓶上,气瓶使用时应该装减压阀和压力表且压力表不可混用。

(5) 在使用气瓶时,操作人员应站在与气瓶接口处垂直的位置上,头和身体不能正对阀门,以防压力表或阀门被气体冲出伤人。

(6) 气瓶内气体不得用尽,以防空气进入,充气时发生危险,一般气瓶的剩余压力值应不小于 0.5 MPa。

(7) 搬运时应小心轻放,气瓶帽应旋紧。

(8) 定期将气瓶送检,使用中的气瓶严格按照规定年限检查,不合格的气瓶严禁继续使用。

1.5 生命科学实验室声安全

1.5.1 声的分类

声波由物体(声源)振动产生。任何器官所接收的声音频率都有其范围限制,人耳可以听到的声波的频率一般在 20 Hz~20 kHz。声波通常按照频率可分为以下几种:

(1) 频率低于 20 Hz 的声波称为次声波。

(2) 频率 20 Hz~20 kHz 的声波称为可闻声。

(3) 频率 20 kHz~1 GHz 的声波称为超声波。

(4) 频率大于 1 GHz 的声波称为特超声或微波超声。

1.5.2 超声波的产生和使用

(1) 超声波频率超过人类耳朵可以听到的最高阈值为 20 kHz,常用的产生超声波的装置有机械型超声发生器、利用电磁感应和电磁作用原理制成的电动超声发生器、利用压电晶体的电致伸缩效应和铁磁物质的磁致伸缩效应制成的电声换能器等。

(2) 超声波有两个特点:一个是能量大,一个是沿直线传播。它被应用于生命科学实验室细胞破碎、超声探测、器皿清洗等。

1.5.3 噪声防止

噪声是指声波频率或强弱无规律变化的声音,是令人不愉快的或大的有损听觉的声音。声音强度通常用分贝(decibel,dB)表示,根据国家现行噪声标准,一般实验室噪声要求不超过 60 dB。实验室噪声的来源主要是仪器设备运行及人的活动。实验室声安全主要是防止各种噪声的产生。

(1) 源头的防止:分析噪声源发声机理,消除噪声发生。尽可能使用噪声小的仪器设备,减少使用噪声大的仪器设备。

（2）传播途径的防止：由于声音的传播需要介质，因此可将有严重噪声的仪器采用真空环境隔离开，切断其传播途径；或者将噪声严重的仪器或设备放置在远离人员活动的区域。必要的情况下可使用耳塞、隔声窗、隔音墙等隔断声音的影响。

（3）噪声的吸收：在建筑的过程中采用防止噪声的材料；在必要的地方使用柔软多孔的材料对声波进行吸收以减小噪声的危害。

（4）减少人员在噪声环境中暴露的时间。

1.6　生命科学实验室光安全

1.6.1　光的分类

光是由光子组成的粒子流，也是高频的电磁波。人眼可以看见的电磁波称为可见光，人眼看不到的电磁波有红外光、紫外光和射线。

（1）可见光(visible light)：波长范围是 $0.76\sim0.39$ μm，主要天然光源是太阳，主要人工光源是白炽物体（特别是白炽灯）。太阳的可见光呈白色，但通过棱镜时，其可见光根据波长不同可分为红、橙、黄、绿、蓝、靛、紫七色。红光波长为 $0.76\sim0.62$ μm，橙光波长为 $0.62\sim0.59$ μm，黄光波长为 $0.59\sim0.57$ μm，绿光波长为 $0.57\sim0.49$ μm，蓝光-靛光波长为 $0.49\sim0.45$ μm，紫光波长为 $0.45\sim0.39$ μm。

（2）红外光(infrared light)：亦称红外线，波长范围为 $1000\sim0.77$ μm，在光谱中，它排在可见光红光的外侧，所以称为红外光。

（3）紫外光(ultraviolet light)：亦称紫外线，波长范围为 $0.40\sim0.01$ μm。在光谱中，它排在可见光紫光的外侧，故称为紫外光。

（4）射线(ray)：波长比紫外光更短的电磁波，包括 X 射线、γ 射线、α 射线、β 射线等。射线具有高能量、穿透力强的特点。

（5）激光(laser，是 light amplification by stimulated emission of radiation 的缩写，又译作镭射)的作用原理是通过受激辐射放大和必要的反馈，产生准直、单色、相干的光束。激光具有普通光所不具有的特点，即三好（单色性好、相干性好、方向性好）一高（亮度高）。

1.6.2　安全使用规范及注意事项

生命科学实验室常用到紫外光和激光，下面以紫外线消毒灯（简称为紫外灯）为例介绍实验室用光安全及使用规范。

紫外线消毒灯是一种低压汞灯，它利用低压（$<10^{-2}$ Pa）使汞蒸气激化而发出紫外线，直接破坏空气、水、物体表面的细菌 DNA，导致细菌死亡；或通过与空气中的氧气发生反应，产生具有强氧化力的臭氧，进而杀灭细菌。

使用紫外线消毒灯时需要注意安全，其使用规范如下：

(1) 紫外线照射时,人不能暴露在紫外线下。紫外光对皮肤和人体的危害大,如果直接照射皮肤、眼睛等,会因形成 DNA 胸腺嘧啶二聚体,导致 DNA 链变异,对操作人员健康造成损害。因此开启紫外光时要保证现场没有人,眼睛不能直视紫外光,如有必要需佩戴防护镜。使用紫外分析仪时,手不可裸露在紫外灯下,应戴防护手套(见图 1.6.1)。

(2) 室内空气消毒要求每立方米不少于 1.5 W,照射时间不少于 30 min,灯管距离地面 2.0 m 左右,不可过高或过低。

(3) 空气消毒时,房间内应保持清洁、干燥,减少尘埃和水雾。当温度低于 20 ℃ 或高于 40 ℃ 或者相对湿度大于 60% 时,应适当延长照射时间。

(4) 消毒物体表面时,灯管距离物体表面不得超过 1 m,并直接照射物体表面,且应达到足够的照射剂量,例如杀灭细菌芽孢时应达到 100000 $\mu W \cdot s/cm^2$。

(5) 紫外线消毒灯使用 3~6 个月后,应用紫外线辐射照度仪作强度检测。新灯照射强度 $\geqslant 100\ \mu W/cm^2$ 为合格,使用中紫外线消毒灯照射强度 $\geqslant 7\ \mu W/cm^2$ 为合格。

(6) 使用中应保持灯管表面洁净和透明,每周用酒精棉球擦拭 1 次,以免影响紫外线的穿透力及辐射强度。

(7) 每支灯管须有使用记录,包括使用时间、使用人、辐射强度、更换时间等。

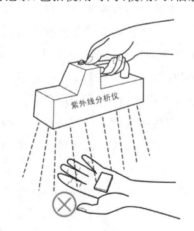

图 1.6.1　实验室紫外分析仪安全使用注意事项

注:使用紫外分析仪时,手不可裸露在紫外灯下,应戴防护手套。

本 章 习 题

正误判断题

1. 生命科学实验室可分为 P1、P2、P3 和 P4 或者 BSL1、BSL2、BSL3 和 BSL4 四个等级。(　　)

2. 在 P1 和 P2 实验室从事生命科学相关教学和科研时,不会让使用者或实验动物生病,对实验人员和环境危险性较小,可以使用开放实验台。(　　)

3. 在P3实验室从事相关实验操作时,实验人员以及参观人员可以自由进入实验区域。(　　)

4. P3实验室适用于涉及通常能引起人或动物严重疾病的病原体相关实验操作,疾病传播的危险有限,对感染具备有效的预防和治疗措施。(　　)

5. P3实验室设双重门或气闸室和外部隔离的实验区域,非本处工作人员禁止入内,实验室内全负压,使用二级生物安全柜进行实验。(　　)

6. P4实验室适用于涉及通常能引起人或动物严重疾病的病原体相关实验操作,疾病易传播,对感染尚无有效的预防和治疗措施。(　　)

7. 对于超过实验室安全级别的实验,在有严密防护的情况下即可进行。(　　)

8. 在实验室内不放置办公用品。(　　)

9. 在实验室内,办公用品和实验用品必须严格分开放置。(　　)

10. 做完实验后,实验用品和器材可以带到办公室或宿舍继续使用。(　　)

11. 实验时必须穿实验服、戴专用手套,离开实验室时将实验服脱下。(　　)

12. 在生命科学实验室做完实验后,可以穿着实验服到办公室处理数据。(　　)

13. 实验室内不得吃东西,禁止用实验室冰箱存放水果和饮料等物品。(　　)

14. 只要不影响正常通行,可以将仪器或设备放在安全通道。(　　)

15. 在冰箱里存放饮品时必须与实验试剂分开放置。(　　)

16. 蒸馏水不含任何电解质、游离离子和杂质。(　　)

17. 蒸馏水不含任何电解质和杂质,但含有游离离子。(　　)

18. 双蒸水中不含无机盐、有机物、微生物、可溶解气体和挥发性杂质。(　　)

19. 去离子水常用于配制缓冲液、洗涤有特殊要求的实验器皿、清洁和维护精密需水设备等。(　　)

20. 超纯水是电阻率约为 18.25 M$\Omega\cdot$cm(25 ℃)、含盐量低于 0.1 mg/L 的纯水。(　　)

21. 超纯水中几乎不含电解质、气体、胶体、有机物、细菌、病毒等,理论上只有氢离子和氢氧根离子。(　　)

22. 超纯水中几乎不含电解质、气体、胶体、有机物,但是含有细菌、病毒等微生物。(　　)

23. 超纯水中不含胶体、有机物、细菌、病毒等,只含电解质、氢离子和氢氧根离子。(　　)

24. 实验人员可以随时饮用生命科学实验室的蒸馏水、双蒸水、去离子水、超纯水等。(　　)

25. 实验室长期无人时,须关闭水阀和仪器设备开关。(　　)

26. 中国居民用电电压为220 V。(　　)

27. 当电压高于120 V、电流高于10 mA时,会发生人体触电危险。(　　)

28. 如超过了插座的额定功率,插座就会因电流太大而发热烧毁,严重时甚至会造成火灾。（　　）
29. 某插座的额定功率为×××,临时用来维持-80 ℃冰箱的正常运转以及烘箱的使用。（　　）
30. 三脚插头没有接地头也可以正常使用,因此可以用两脚来替代。（　　）
31. 实验室发生瞬间断电或电压波动较大时,可断开某些大功率仪器设备的电源,供电稳定后再启用。（　　）
32. 电器的电源线破损时要及时将破损处包好,防止漏电发生危险。（　　）
33. 若电器有损坏,应及时拆开修理,若修理后未恢复功能,应寻求专业人员的帮助。（　　）
34. 发生触电事故时,应用木棍将触电者救下,若触电者呼吸停止或心脏停止跳动应使其平躺等待救护车到来。（　　）
35. 不能用湿手接触带电的开关,拔、插电源插头和更换电气元件。（　　）
36. 打扫清洁时,可以用湿布擦拭正在运转中的仪器或设备的电源开关。（　　）
37. 某仪器的保险丝被烧断后,临时用铜丝代替继续使用。（　　）
38. 万一发生火灾,首先要想办法迅速切断火灾范围内的电源。（　　）
39. 离开实验室前应检查门、窗、水龙头是否关好,通风设备、饮水设施、计算机、空调等是否已切断电源。（　　）
40. 发生电气火灾后,要及时使用泡沫灭火器灭火,防止火势蔓延造成更大的损失。（　　）
41. 二氧化碳属于有毒气体。（　　）
42. 氢气属于易燃气体。（　　）
43. 氧气属于助燃气体。（　　）
44. 氮气是惰性气体。（　　）
45. 氧气是惰性气体。（　　）
46. 每一种气体都应存放在相应颜色的气瓶内,不可混用。（　　）
47. 氢气存在淡绿色气瓶内,用大红色标签字明示。（　　）
48. 天然气存在棕色气瓶内,用白色标签字明示。（　　）
49. 氧气存在淡蓝色气瓶内,用黑色标签字明示。（　　）
50. 氮气存在黑色气瓶内,用淡黄色标签字明示。（　　）
51. 可燃气体气瓶气门螺丝为正丝,其他为反丝。（　　）
52. 在使用气瓶时,操作人员应站在与气瓶接口处垂直的位置上,头和身体不能正对阀门,以防压力表或阀门被气体冲出伤人。（　　）
53. 氢气瓶可以与氧气瓶放在同一地方,以方便使用。（　　）
54. 气瓶内气体不得用尽,以防空气进入,充气时发生危险,一般气瓶的剩余压力值

应不小于 0.5 MPa。（　　）

55. 氧气瓶须定期检查,不合格的气瓶修好后可以继续使用。（　　）

56. 人耳可以听到的声波的频率一般在 20 Hz～20 kHz。（　　）

57. 频率大于 20 kHz 的声波是超声波。（　　）

58. 超声波是沿直线传播的。（　　）

59. 减少人员在噪声环境中暴露的时间是防止噪声的主要途径之一。（　　）

60. 次声波被应用于生命科学实验室中进行细胞破碎、超声探测、器皿清洗等。（　　）

61. 超声波被应用于生命科学实验室中进行细胞破碎、器皿清洗等。（　　）

62. 人眼可视电磁波波长范围是 0.76～0.39 μm,主要光源是太阳、白炽灯等。（　　）

63. 红外光在光谱中它排在可见光红光的外侧,波长范围为 1000～0.77 μm;红光波长为 0.76～0.62 μm。（　　）

64. 紫外光在光谱中它排在可见光紫光的外侧,波长范围为 0.40～0.01 μm;紫光波长为 0.45～0.39 μm。（　　）

65. 射线是波长比紫外光更短的电磁波,具有能量高、穿透能力强的特点。（　　）

66. 紫外线消毒灯是利用低压使汞蒸气激化而发出紫外线,直接破坏空气、水、物体表面的细菌 DNA,导致细菌死亡;或通过与空气中的氧气发生反应,产生具有强氧化力的臭氧,进而杀灭细菌。（　　）

67. 紫外线消毒灯灯管应放置在离消毒表面 2 m 以上的位置。（　　）

68. 用紫外线消毒灯消毒时,若室内温度较低,生命活动较弱,可适当减少消毒时间至 10 min。（　　）

69. 紫外线消毒灯新灯管用紫外线辐射照度仪作强度检测,照射强度≥7 $\mu W/cm^2$ 为合格。（　　）

70. 室内空气湿度大于 60% 时应适当增加紫外线照射时间以达到较好的消毒效果。（　　）

71. 紫外光直接照射皮肤、眼睛等,不会造成影响。（　　）

72. 紫外线消毒灯灯管不需定期清洁,也可维持紫外线的穿透力及辐射强度。（　　）

73. 使用紫外分析仪时,须佩戴防护眼镜,不需要戴防护手套。（　　）

74. 在超净工作台内紫外线消毒灯开启的情况下,可以临时快速取出台面的物品。（　　）

75. 每支紫外线消毒灯灯管都要有使用记录,包括使用时间、使用人、辐射强度、更换时间等。（　　）

本章习题答案

正误判断题

1. (√) 2. (×) 3. (×) 4. (√) 5. (√)
6. (√) 7. (×) 8. (√) 9. (×) 10. (×)
11. (√) 12. (×) 13. (√) 14. (×) 15. (×)
16. (√) 17. (×) 18. (×) 19. (√) 20. (√)
21. (√) 22. (×) 23. (×) 24. (×) 25. (√)
26. (√) 27. (×) 28. (√) 29. (×) 30. (×)
31. (√) 32. (×) 33. (×) 34. (×) 35. (√)
36. (×) 37. (×) 38. (√) 39. (√) 40. (×)
41. (×) 42. (√) 43. (√) 44. (√) 45. (×)
46. (√) 47. (√) 48. (√) 49. (√) 50. (√)
51. (×) 52. (√) 53. (×) 54. (√) 55. (×)
56. (√) 57. (×) 58. (√) 59. (√) 60. (×)
61. (√) 62. (√) 63. (√) 64. (√) 65. (√)
66. (√) 67. (×) 68. (×) 69. (×) 70. (√)
71. (×) 72. (×) 73. (×) 74. (×) 75. (√)

第 2 章
生命科学实验室常用仪器安全操作规范

在生命科学实验室从事教学和科学研究等活动过程中常常需要使用各种仪器设备。这些仪器须严格按照相应的规范和流程进行操作,如果操作不当可能引起仪器损坏或者人身伤害。因此严格按照操作规范使用仪器,是保障仪器性能、操作人员安全和实验室环境正常的基本要求。本章就生命科学实验室中一些常见仪器,例如高压灭菌锅、烘箱、超低温冰箱、液氮罐、离心机、生物安全柜、超净工作台、通风橱、紫外分析仪、激光器、激光功率计等的操作规范以及使用注意事项进行详细阐述。

2.1 高压灭菌锅的操作规范及使用注意事项

高压灭菌锅又名高压蒸汽灭菌锅,它是利用电热丝将水加热产生蒸汽,能维持锅内一定压力的装置。将能耐受高温的物品,如金属器械、玻璃器皿、耐高温塑料制品等放置在高压灭菌锅内,通过高温高压处理,杀死其中的细菌、真菌及部分芽孢、孢子等,从而达到灭菌的效果。按照高压灭菌锅的样式以及使用方式,生命科学实验室常用高压灭菌锅可分为手提式、立式和卧式。手提式高压灭菌锅的结构相对简单,可方便移动,容量通常为18 L、24 L、30 L 等,常用于少量物品的灭菌。立式高压灭菌锅的结构复杂,容量通常为30~200 L,是实验室比较常用的灭菌设备。卧式高压灭菌锅通常分为单门或双门的圆筒式和方柜式两种,容量通常为 150~500 L,适合于教学用品等大量物品的灭菌。

2.1.1 高压灭菌锅基本操作流程

不同种类的高压灭菌锅的操作流程虽然略有不同,但基本操作流程相似,具体如图 2.1.1 所示。

2.1.2 高压灭菌锅的操作规范

由于高压灭菌锅是在高温高压条件下对物品进行灭菌,操作人员在使用之前须参加专门机构的培训,并取得高压容器操作证后方可使用。由于不同类型的高压灭菌锅有不同的使用方法,因此在使用前须仔细阅读各型号的使用说明书,严格按照说明书的内容进

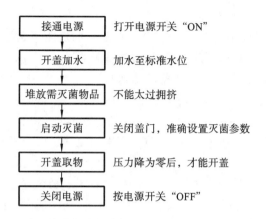

图 2.1.1　高压灭菌锅基本操作流程

行规范操作。现以上述三种类型高压灭菌锅为代表分别介绍其操作规范以及使用注意事项。

1. 手提式高压灭菌锅的操作规范(以 XFS-280A 型手提式高压灭菌锅为例)

(1) 检查灭菌锅的各个部件是否完整无损。

(2) 在灭菌锅内加大约 3 L 的纯净水至水位超过电热管至少约 1 cm。

(3) 将需要灭菌物品有序地放入灭菌桶,然后将灭菌桶放入灭菌锅内,盖上上盖;将蒸汽释放软管插入灭菌桶半圆槽内,对齐上、下槽;将蝶形螺母对称旋紧,直至完全密封。

(4) 接通电源,开始加热。先将放气阀搭子放在垂直放气的位置上,排出灭菌锅内的冷空气;当有蒸汽排出时,将放气阀搭子复位。当加热到灭菌锅的压力达到设定值时,即可开始按灭菌要求记录灭菌时间,例如 121 ℃,20 min。

(5) 当灭菌完成后,切断电源,让灭菌锅内温度自然下降。

(6) 当压力降为零时,才可以打开放气阀,旋松螺栓,打开盖子,取出灭菌物品。

2. 立式高压灭菌锅的操作规范(以 GI54DWS 型高压蒸汽灭菌锅为例)

(1) 检查确认灭菌锅的各个部件完整无损以及各项技术指标正常后,打开电源开关。

(2) 逆时针旋转手柄,打开灭菌锅盖。

(3) 检查并确认排水阀已经关闭后,往灭菌腔中加入蒸馏水,直至水流进水位板中间的水位指示器。

(4) 将待灭菌物品有序地放入灭菌桶后,置于灭菌腔中。

(5) 往左轻推横梁直至靠紧立柱,然后按顺时针方向旋转手柄。当闭盖指示灯亮时,继续旋转半周直至手柄旋紧。

(6) 选择所需的灭菌程序后即可启动灭菌过程。

(7) 灭菌结束后,让灭菌室内温度自然降至 80 ℃ 以下、压力降至零后,才可按逆时针方向旋转手柄,打开灭菌锅盖,取出灭菌物品。

(8) 打开排水阀排出灭菌水,关闭灭菌锅盖,关闭电源,做好使用登记。

3. 卧式高压灭菌锅的操作规范(以 WDZX-200K 型卧式蒸汽灭菌器(锅)为例)

(1) 检查确认灭菌锅的各个部件完整无损后,闭合电源断路器。

(2) 打开蒸汽发生器进水截止阀,打开灭菌锅面板上的控制电源锁,查看灭菌锅各个电子器件的各项指标是否正常。

（3）向外拉出手动安全销；向左旋转门启闭手柄至停止位置（"门已开"灯亮），门启闭手柄指示灯闪烁；开启灭菌门，蜂鸣器长鸣。

（4）将灭菌物品的转载筐依次放入灭菌室，然后关闭灭菌门，将灭菌门关至闭合位置；向右旋转门启闭手柄至停止位置（"门已关"灯亮）。

（5）在控制面板中按下"温度"键，然后依次按下"自动排气"和"辅助干燥"功能键；按下"启动"键，开始灭菌；按下"启动"键安全联锁锁止，防止错开灭菌门。

（6）灭菌结束，让灭菌室内温度自然降至80 ℃以下，压力降为零后，同时长按"▲"键、"▶"键解锁安全联锁；向左旋转门启闭手柄至停止位置，开启灭菌门，取出灭菌物品。

（7）关闭蒸汽发生器进水截止阀，断开电源断路器，做好使用登记。

2.1.3 高压灭菌锅使用注意事项

（1）高压灭菌锅的使用者须提前接受培训并取得高压容器操作证。

（2）严禁在灭菌锅缺水或低水位时进行高压灭菌。

（3）灭菌锅用水应为去离子水或其他纯净水，严禁使用自来水，以防产生水垢。

（4）严禁采用高压蒸汽方法进行受热易挥发或易爆等物品的灭菌操作。

（5）瓶装液体严禁密封灭菌，应当在瓶塞上进行泄压处理。液体盛装的体积不得超过总体积的3/4。

（6）灭菌过程中严禁打开锅盖。

（7）灭菌结束后必须等到压力归零、温度降到安全温度以下后方可开盖，严禁在有压力和高温状态下进行任何操作（见图2.1.2）。

（8）定期检查安全阀功能，避免因安全阀失效而导致压力过高发生爆炸。

图 2.1.2 高压灭菌锅安全使用注意事项

注：灭菌结束后，灭菌锅内温度高于80 ℃、压力没有降为零时，严禁打开灭菌锅盖。

2.2 烘箱的操作规范及使用注意事项

烘箱是通过智能式微电脑控制、采用热风内循环控制温度的一种加热烘干设备,在生命科学实验室常用来干燥、烘干、灭菌等。烘箱适用于比室温高5～300 ℃范围的烘焙、干燥、热处理等。

2.2.1 烘箱基本操作流程

具体如图2.2.1所示。

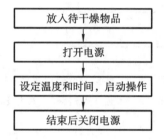

图2.2.1 烘箱基本操作流程

2.2.2 烘箱的操作规范

(1) 把需干燥处理的物品放入烘箱内,关好箱门。
(2) 打开电源开关。
(3) 设定需要的温度和时间后,启动烘干操作。
(4) 结束后关闭电源,取出干燥的物品。

2.2.3 烘箱使用注意事项

(1) 烘箱应使用专用的电源插座,使用前须确认供电电源的电压符合所用设备的要求。
(2) 烘箱应放置在具有良好通风条件的室内,不要紧贴墙壁,在其周围严禁放置易燃易爆物品。
(3) 烘箱使用温度不能超过其最高限定温度。当烘箱使用温度超过100 ℃时,不得触摸工作箱门、观察窗及箱体表面,以防烫伤。
(4) 禁止用烘箱烘烤易燃易爆、易挥发及有腐蚀性的物品(见图2.2.2)。
(5) 烘箱内物品放置不能过挤,必须留出一定的空间。注意不要有任何物品插入或堵住进风口、出风口,阻挡空气循环。
(6) 平时箱门尽量不要频繁打开,以免影响内部恒温。当需要观察工作室内样品情况时,可开启外道箱门,透过玻璃门观察。
(7) 有鼓风机的烘箱,在加热和恒温的过程中需将鼓风机开启,否则会影响烘箱内温度的均匀性和损坏加热元件。

图 2.2.2　烘箱安全使用注意事项

注：使用烘箱时，烘箱内严禁放置易燃易爆、易挥发及有腐蚀性的物品。

2.3　超低温冰箱的操作规范及使用注意事项

超低温冰箱主要用于生物样本(品)、药品、细胞以及菌种的保存。超低温冰箱温度范围大致从－40 ℃至－150 ℃，其中－80 ℃超低温冰箱最为常用。具体使用规范与注意事项如下：

(1) 需要冷冻保存的样品必须用耐低温的专用容器装好才可放入冰箱。强酸及腐蚀性的样品不宜冷冻保存。

(2) 严禁单次放入过多或温度较高的物品；待保存物品需分批放入或预冷后放入，并调节冰箱的温度、进行阶梯式降温直至所需的低温。

(3) 从超低温冰箱中取样品时要戴安全防冻手套，防止冻伤。

(4) 超低温冰箱在使用中应避免压缩机长时间持续运行而致损坏。打开冰箱后，应快速取放物品，冰箱打开时间不能过久。

(5) 如遇停电，需依次关闭电池开关、电源开关、外部电源。再次通电后，反向依次打开各个开关。

2.4　液氮罐的操作规范及使用注意事项

液氮罐是用来储存低温液氮的容器，在生命科学实验室中主要用于活性生物样本(品)的保存，例如疫苗、菌种、细胞以及人、动物的组织器官等，这些样本可以浸泡于液氮中长期存活。液氮罐通常分为液氮储存罐和液氮运输罐。液氮储存罐主要用于静置储存活性实验样品,不宜用于样本远距离运输;液氮运输罐除可静置储存实验样本外,还可在充装液氮的状态下运送样本。

2.4.1 液氮罐的操作规范

(1) 戴防护手套和护目镜。

(2) 缓慢打开液氮罐盖子。缓慢拉出提斗(样品储存盒),注意避免碰擦样品储存盒。待液氮没有呈股流下时,盖好盖子,以免更多液氮流失。

(3) 将样品储存盒放置在平整、防冻的台面,迅速取出目标样品放置于冰上。

(4) 取样结束后,缓慢打开盖子,将样品储存盒缓慢放回液氮罐中,盖好盖子。

2.4.2 液氮罐使用注意事项

(1) 取冷冻保存样品时须佩戴防护手套和护目镜,以防冻伤(见图 2.4.1)。

(2) 要轻拿轻放,避免与其他物体相碰撞。尤其是用液氮运输罐运送样品时,应避免剧烈的碰撞和震动。

(3) 液氮罐要保持垂直,严禁倾倒罐内的液氮,以免发生事故。

(4) 液氮罐要有专人负责管理、使用和保养。储存液氮罐的地方要保证空气流通。

(5) 定期检查液氮罐的密封状态,当液氮残余量只够使用一个星期时得补充液氮。充填液氮宜在通风良好的地点进行,且速度要缓慢,先注入小量,然后稍停几分钟,使其冷却后再逐渐注入至规定容量。

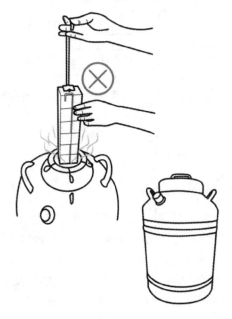

图 2.4.1 液氮罐安全使用注意事项

注:从液氮罐中取样时必须戴防护手套和护目镜,防止冻伤,且取出的样品不能长时间放置在室温环境中。

2.5 离心机的操作规范及使用注意事项

离心机通过离心转子高速旋转产生强大离心力,作用于离心管内液体混合物中具有不同沉降系数和浮力密度的颗粒物质,然后根据它们的沉降速度不同将物质分离开。离心机根据其最大转速不同,可分为低速离心机(转速＜4000 r/min)、高速离心机(4000～30000 r/min)和超速离心机(转速＞30000 r/min);根据其是否有冷冻的温度控制系统,可分为常温普通离心机和冷冻离心机。常温普通离心机不带制冷系统,离心过程在室温条件下完成。冷冻离心机具有制冷系统,能够对离心机腔的温度进行调节(最高能达到40 ℃,最低能到−20 ℃),低速冷冻离心机常用来分离提取大量的生物大分子、细胞沉淀物等,高速冷冻离心机多用于收集微生物、细胞等,超速冷冻离心机能分离亚细胞器,也可用于蛋白质、核酸分子的分析操作。

2.5.1 离心机基本操作流程

不同种类的离心机操作流程虽然各不相同,但基本操作流程相似,具体如图 2.5.1 所示。

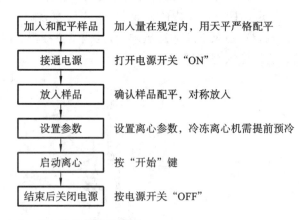

图 2.5.1 离心机基本操作流程

2.5.2 离心机的操作规范

在生命科学实验室开展实验过程中,许多混合样品常经过离心操作进行分离,根据不同的实验目的、不同的样品特征,使用者可以基于所需的转速和温度选择合适的离心机。其中,高速离心机和超速离心机均属于精密仪器,并且由于转速高、离心力大,如果使用不当或缺乏定期的检修和保养,极易发生安全事故。因此使用离心机前须仔细阅读使用说明书,严格按照规范进行操作。现以三种常见离心机为例,介绍其操作规范以及使用注意事项。

1. 低速离心机的操作规范(以 LXJ-HB 型低速离心机为例)

(1) 检查确认离心机各个部件完整无损,内部无任何杂物。

（2）接通电源，开启电源开关。
（3）将配平的样品管或平衡管对称放入转子中，然后盖上内盖和外盖。
（4）设置完离心所需的转速和时间后，按"开始"键，启动运行。
（5）离心结束，确认转速归零后，小心取出样品。
（6）关闭电源，并做好记录。

2. 高速离心机的操作规范（以 TGL16M 型高速冷冻离心机为例）

（1）仔细检查确认离心机放置平稳，转子等各个部件完整无损。
（2）接通电源，开启电源开关；按"停止"键，离心机的门盖自动打开，检查内部无任何杂物后，选择离心所需的转子，按要求准确安装。
（3）设置离心参数（包括转子型号、转速或离心力、运行温度和时间）。
（4）关闭离心机门盖，使离心机预冷。
（5）将需离心的样品管或平衡管用天平完全配平，对称放入相应转子中，并确认安装正确后关闭离心机内盖和门盖。
（6）再次确认离心机实时温度符合设置，各参数设定正确后，按"启动"键启动离心机。在运行过程中，须确认离心机无异常振动或声响，并达到设定的各项参数指标，尤其是转速和时间。
（7）离心结束确认转速和时间均已经归零后，打开离心机门盖和内盖，小心取出离心后的样品。
（8）取出离心转子，用洁净软布擦干机体内的冷凝水。关闭电源，认真做好使用记录。

3. 超速离心机的操作规范（以 Optima L-80XP 型超速离心机为例）

（1）检查确认超速离心机各个部件完整无损后接通电源，开启电源开关"POWER"至"ON"位置。
（2）打开离心机门盖，检查内部无任何杂物后，选取本次离心操作所需并与所用离心机相配套的转子，按要求准确安装。同时，在离心机上设置所用转子的型号，以及与之配合的转速、运行温度和运行时间。
（3）选用与所用转子相适配的专用离心管，确认离心管无任何破损后，将需离心分离的样品加入。确保样品管或平衡管严格配平后，将样品管以及平衡管对称放入转子孔腔中（如果离心管和转子孔腔带有编号，则将离心管准确放入与之有相应编号的转子孔腔中），拧紧转子盖，关闭离心机门盖。
（4）按"VACUUM"键，启动真空系统。当离心机表盘显示的真空值降至转速所需数值以下时，按"ENTER"键。再次确认各项技术指标正常后，按"START"键，启动离心运行系统。在运行过程中，必须确认离心机无异常振动或声响，并达到设定的各项参数指标，尤其是转速和时间。
（5）离心结束确认转速和时间均已经归零后，再次按"VACUUM"键，解除真空状态，直至气压平衡。然后打开离心机门盖，小心拿出转子，取下离心管和平衡管，取出离心样品。
（6）关闭电源，认真做好使用记录。

2.5.3 离心机使用注意事项

（1）根据实验目的正确选择合适的离心机型号，并根据转速、预分离样品的性质和体积选用合适的符合离心机性能要求的离心管，并检查确认转子、离心管等无裂痕、无破损，严禁使用有锈蚀或裂纹的转子和离心管。

（2）离心管内样品量不能超过使用说明书规定的最大加样量。

（3）装有离心样品的离心管或者离心管与平衡管必须通过天平精密配平。配平时，两管之间的重量差绝对不能超过使用说明书上规定的范围（见图 2.5.2）。

（4）配平后的两管在放置时须对称放入转子孔腔内。如果离心管和转子孔腔带有编号，则将离心管准确放入与之有相应编号的转子孔腔中（见图 2.5.2）。

（5）在运行冷冻离心机时，可提前将已选择的转子放入离心机内预冷。离心机处于预冷状态时，必须关闭离心机门盖。

（6）实际转速必须低于离心机、转子和离心管的最高限速。

（7）在离心机运行过程中，操作人员必须确认运行状态正常，不得擅自离开。如果听到异常声响或发现离心机异常振动，必须立即按"停止"键终止运行，并等待转子停稳，确认转速和时间均已经归零后，再打开离心机门盖，仔细检查问题出现的原因，并给予妥善解决。如果不能解决，必须详细记录，并报请负责人，请专业人员检查和维修，不能擅自拆卸。

（8）离心操作结束后，必须认真清理离心机和转子内腔。

图 2.5.2　离心机安全使用注意事项

注：离心管内样品量不能超过所用离心机说明书规定的最大加样量；确保样品管严格配平；样品管对称放入转子孔腔中。

2.6　生物安全柜的操作规范及使用注意事项

生物安全柜主要用于进行病毒、致病菌株、原代培养物等具有感染性或潜在感染性实验材料相关操作。外界空气经高效空气过滤器过滤后进入生物安全柜内,维持垂直气流和负压状态;柜内空气向外抽吸,经过高效空气过滤器过滤后再排放到大气中,有效地避免实验样品以及实验过程中产生的生物气溶胶和溅出物的污染,保障操作人员以及实验环境的安全。生物安全柜根据气流和隔离屏障结构分为一级、二级和三级,以满足不同的生物研究和防疫要求。一级生物安全柜可保护工作人员和环境安全而不保护实验样品的安全,可用于 P1(级)或 P2(级)生物安全防护实验室。二级生物安全柜可保护工作人员和环境安全,同时也可保护实验样品安全,可用于 P2(级)或 P3(级)生物安全防护实验室。三级生物安全柜是为 P4(级)生物安全防护实验室生物安全等级而设计的,是目前世界上最高生物安全防护等级的安全柜,适用于高风险的相关实验操作。

2.6.1　生物安全柜基本操作流程

具体见图 2.6.1。

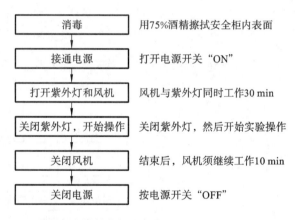

图 2.6.1　生物安全柜基本操作流程

2.6.2　生物安全柜的操作规范(以 BSC-1000-Ⅱ-B2 生物安全柜为例)

(1) 在进行实验操作之前,用 75% 酒精擦拭安全柜内表面,进行清洁和消毒。
(2) 启动电源,打开紫外灯与风机,维持 30 min 进行灭菌。
(3) 关闭紫外灯,打开照明灯,始终在风机开启状态下进行实验操作。
(4) 实验操作结束后,清洁台面,继续维持风机开启状态约 10 min 后再关闭风机。
(5) 关闭电源。

2.6.3 生物安全柜使用注意事项

（1）生物安全柜内不能存放与本次实验无关的物品，避免实验材料之间以及实验材料与实验耗材间的交叉污染。

（2）生物安全柜内的物品不能挡住气道口，以免干扰气流正常流动。

（3）操作过程中严禁使用酒精灯等明火。

（4）操作时不要将移门移过安全线的高度。

（5）操作结束后，柜内使用的物品应先消毒后再取出，并选用合适的清洁剂消毒安全柜内表面。

2.7 超净工作台的操作规范及使用注意事项

超净工作台是通过风机将空气经初效过滤器初滤后、经静压箱进入高效过滤器二级过滤，然后以垂直或水平气流的状态将干净空气送出，形成局部无菌、高洁净环境的净化设备。超净工作台根据气体流动的方向分为垂直流超净工作台和水平流超净工作台。垂直流超净工作台的风机在顶部，风垂直吹，可最大程度保障操作人员的身体健康；水平流超净工作台的风向外吹，多用于对操作人员健康影响不大的操作。另外，根据超净工作台的设计结构分为单边操作超净工作台和双边操作超净工作台两种形式。

2.7.1 超净工作台基本操作流程

具体见图 2.7.1。

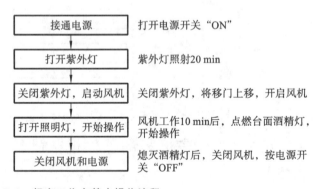

图 2.7.1 超净工作台基本操作流程

2.7.2 超净工作台的操作规范

生命科学实验室中为了能够在局部无菌条件下进行实验操作，通常在使用超净工作台前用紫外灯对超净工作台进行灭菌。灭菌紫外线如果直接照射皮肤、眼睛等，会对操作人员健康造成损害。此外，如果在超净工作台内实验材料的处理和操作不当，也会损害操作人员健康,污染实验环境。因此,使用超净工作台时需要严格按照使用规范进行操作。现简述超净工作台的规范操作以及使用注意事项。

(1) 操作前准备:首先将超净工作台的玻璃拉门拉至最下方,打开超净工作台总电源,打开紫外灯照射 20 min 进行杀菌。然后关闭紫外灯,将玻璃拉门推高并启动风机,使风机运行 10 min 以排尽由于紫外线照射产生的臭氧。

(2) 正式操作:打开照明灯,始终在保持风机的运行状态下进行所有实验操作。

(3) 结束操作:操作完成后,继续保持风机运行 10 min,然后依次关闭风机、照明灯和电源。

2.7.3 超净工作台使用注意事项

(1) 紫外线对皮肤和视网膜有很强的危害,因此,紫外线照射时要关闭玻璃移门。严禁在紫外灯开启时进行任何操作(见图 2.7.2)。

(2) 使用带有移门的超净工作台操作时,移门的开启高度不宜过高(如拉至顶端),也不宜过低(如落至台面),以免影响风速和洁净度。

(3) 禁止在超净工作台的预过滤器进风口部位放置实验物品,以免挡住风口造成进风量减少,降低净化能力。

(4) 超净工作台使用完毕后应及时清理所有无关物品。

(5) 不要频繁开关紫外灯和照明灯,以防缩短灯管的使用寿命。

(6) 定期检查空气滤网等滤材并清洁,老化或破损时应及时更换。

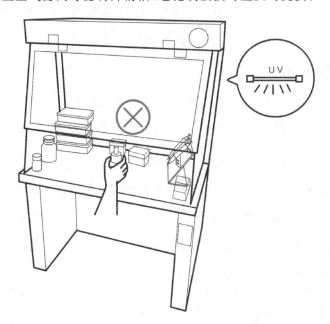

图 2.7.2 超净工作台安全使用注意事项

注:使用超净工作台时必须确保紫外灯关闭,不能在紫外灯开着状态操作。

2.8 通风橱的操作规范及使用注意事项

通风橱通常为上下结构,上部有排气孔,并安装风机,通过风机的运转将实验过程中产生的有害气体和气溶胶有效排出,下部为实验操作空间。通风橱是保障实验操作人员免受有毒有害气体危害的一级屏障,是维持实验环境安全的保障。通风橱根据通风方式可分为无管通风式和全通风式两种。无管通风式通风橱不需要外连管道、不污染外部环境,但必须定期更换过滤材料。全通风式通风橱是将柜内空气抽出,经处理符合规定后,排到大气中。因此全通风式通风橱安装有专用的排风管道,能更有效地除去实验操作中产生的有害气体。

2.8.1 通风橱基本操作流程

具体见图2.8.1。

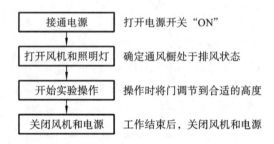

图2.8.1 通风橱基本操作流程

2.8.2 通风橱的操作规范

(1)打开电源,启动风机系统,确定通风橱处于排风状态,然后打开照明灯。

(2)打开玻璃视窗升至使用者手肘处,操作人员仅将手伸入通风橱内进行实验操作,而胸部以上则被玻璃视窗的安全钢化玻璃隔离保护。

(3)使用结束后,关闭风机、照明灯和电源。

(4)将通风橱内及时清洁干净,并将玻璃视窗还原到最低位置。

2.8.3 通风橱使用注意事项

(1)通风橱内应避免放置非必要物品、器材等,严禁放置易燃易爆品。

(2)使用通风橱时,须先开启排风扇后才能进行操作。

(3)操作强酸、强碱以及挥发性有害气体时,必须拉下通风橱的玻璃视窗进行操作,实验操作过程中严禁将玻璃视窗完全打开。

(4)实验人员在使用通风橱进行实验时,严禁将头伸入玻璃视窗内。

(5)实验结束后,严禁立即关闭通风橱。应继续通风1~2 min,确保通风橱内有毒有害气体或残留废气被全部排出。

2.9 紫外分析仪的操作规范及使用注意事项

紫外分析仪是利用紫外线激发带有荧光物质标记的实验样品发出荧光,并进行荧光检测的仪器。紫外分析仪在生命科学实验室中常用来定性和定量检测核苷酸、蛋白质等物质。常用紫外分析仪有三用紫外分析仪、暗箱式紫外分析仪、可照相紫外分析仪等类型。紫外分析仪采用不同波长的紫外光对标记了溴化乙锭等荧光物质的 DNA 或 RNA 样品或者荧光物质标记的蛋白质样品进行观察、检测和记录。暗箱式紫外分析仪带有白光和紫外光装置,箱内照明及相机升降装置,主要用于荧光物质标记的核酸和蛋白质样品的观察与检测。可照相紫外分析仪是提供紫外光照射的装置,带紫外光防护罩和相机升降装置,可用于核酸电泳凝胶样品的观察、记录等。

2.9.1 紫外分析仪基本操作流程

具体见图 2.9.1。

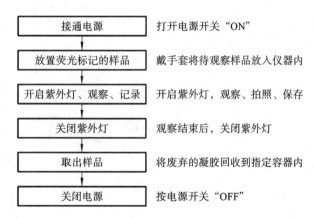

图 2.9.1 紫外分析仪基本操作流程

2.9.2 紫外分析仪的操作规范(以 Tanon 2500 型凝胶成像分析系统为例)

(1) 打开凝胶成像分析系统总电源开关。

(2) 开启电脑至 Windows 处于正常工作状态,双击桌面上的 Tanon MP 快捷方式,打开拍摄程序。

(3) 将标记了荧光物质的凝胶样品放置在样品台上。

(4) 打开白光灯,调节凝胶位置。使在电脑上的画面内能观察到图像,并使图像处于画面中央。

(5) 关闭白光灯后,打开紫外灯。

(6) 观察凝胶图像,调节光圈大小,调节焦距,使图像清晰。

(7) 拍摄并保存图片,然后关闭紫外灯。

(8) 从样品台上取出凝胶，并回收到指定容器内进行无害化处理。

(9) 关闭软件窗口，切断凝胶成像系统总电源，关闭电脑。

2.9.3 紫外分析仪使用注意事项

(1) 将凝胶样品放置于样品台上之前，须确认紫外灯处于关闭状态。紫外线会伤害人体组织和器官，尤其是皮肤和眼睛，因此，严禁用裸手直接抓取凝胶，暴露于紫外线下（见图2.9.2）。

(2) 溴化乙锭常用于标记通过凝胶电泳分离后的核酸。溴化乙锭属于致癌物，须严格区分溴化乙锭污染区和非污染区，防止污染区向非污染区的扩散。

(3) 拍摄时，不要将过量的缓冲液倾倒在投影仪底座上。

(4) 拍摄完毕立即关闭紫外灯电源，彻底清洁样品台，除去残留的电泳缓冲液。

(5) 严禁用金属物或其他硬物直接接触紫外滤光片，防止紫外滤光片被刮花。

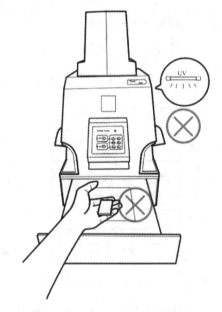

图2.9.2 紫外分析仪安全使用注意事项

注：使用紫外分析仪时，须确保紫外灯关闭，且须戴手套拿取含有溴化乙锭的琼脂糖凝胶。

2.10 激光器的操作规范及使用注意事项

激光器是产生激光的设备，它是基于受激辐射原理使光在某些受激发的物质中放大或振荡发射的器件（见图2.10.1）。按工作介质可分为气体激光器、固体激光器、半导体激光器、光纤激光器和染料激光器；按照工作模式可分为连续输出激光器和脉冲激光器；按照输出波长可分为紫外激光器、可见光激光器、红外激光器等。激光器应用广泛，主要用于荧光激发成像、神经调控、肿瘤治疗、激光美容等。

图 2.10.1　激光器

2.10.1　激光器基本操作流程

具体见图 2.10.2。

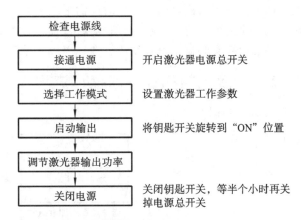

图 2.10.2　激光器基本操作流程

2.10.2　激光器的操作规范

(1) 检查电源线。
(2) 开启激光器电源总开关,电源指示灯亮。
(3) 设置激光器工作参数,如连续或脉冲工作模式、输出波长等。
(4) 将钥匙开关旋转到"ON"位置,激光器输出激光。
(5) 根据实验需要,调节激光器输出功率(对于固定功率输出激光器,则不需要调节)。
(6) 使用结束,关闭钥匙开关,等半个小时再关掉电源总开关。

2.10.3　激光器使用注意事项

(1) 激光器应在温度 20~30 ℃、湿度不超过 60% 的洁净工作间使用,良好的工作环境是保障激光器稳定输出、工作寿命长的关键因素。
(2) 激光器操作应按照使用说明书中的操作步骤严格执行,操作不当将可能损害激光腔。
(3) 激光器工作过程中严禁断电,对于某些激光器还要求配备不间断工作电源。
(4) 对于高功率或强功率激光器,一般需要风冷、水冷或半导体制冷,应注意制冷效果,否则腔内温度累加过多易造成激光器爆炸损害激光器。

(5) 激光器属于专用精密设备,非厂家技术人员不得拆装激光器腔室和工作电源。

(6) 激光器应避免机械振动、碰撞、跌落及其他机械损伤。

(7) 一旦设备出现报警时,应根据报警项对相关可能的因素进行排查,待引起报警的因素排除后,方可继续开机运行。禁止在出现报警后,在未查到原因的情况下,多次重置并强行启动设备。

(8) 实验人员操作过程中严禁用眼睛直视激光器发出的激光。

2.11 激光功率计的操作规范及使用注意事项

激光功率计是用来测量激光单位时间内平均功率的仪器。激光功率计通过传感器将光能转换成热量或电能,再转换为电信号输出,通过校准来精确测量激光功率的大小,激光功率计一般由探头和显示设备组成。

2.11.1 激光功率计基本操作流程

具体见图2.11.1。

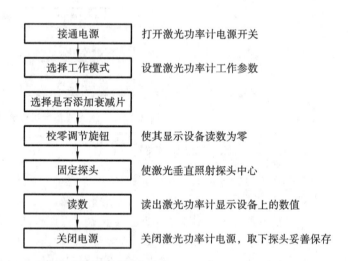

图 2.11.1 激光功率计基本操作流程

2.11.2 激光功率计的操作规范

(1) 打开激光功率计电源开关。

(2) 设置激光功率计工作参数,如激光波长、功率、测量范围等。

(3) 选择是否在激光功率计探头前添加衰减片。

(4) 调节激光功率计校零调节旋钮,使其显示设备读数为零。

(5) 固定激光功率计探头,使激光垂直照射探头中心。

(6) 读出激光功率计显示设备上的数值,即为待测激光器输出功率。

(7) 关闭激光功率计电源,取下探头妥善保存。

2.11.3 激光功率计使用注意事项

(1) 激光功率计应避免强烈的机械振动、碰撞、跌落及其他机械冲击。
(2) 保持激光功率计清洁,工作环境应无酸、碱等腐蚀性气体存在。
(3) 保护好激光功率计的探头,避免硬物戳伤探测器表面或灰尘或其他脏物触及。
(4) 不得测量超过探测器最大允许激光功率密度的光源。
(5) 应选择合适参数进行激光功率测量,否则误差较大或测量不准。

2.12 生物信号采集与分析系统的操作规范及使用注意事项

生物信号采集与分析系统是对生物信号采集与放大,并可高精度、高可靠性程控电刺激的设备。生物信号采集与分析系统通常有多个信号采集通道和刺激输出通道,可测量生物体内或离体器官中的生物电信号或张力、压力等生物非电信号波形,并可对实验数据进行存储、分析及打印。该系统可适用于大中专院校、科研单位进行生理、药理、毒理和病理等实验。

2.12.1 生物信号采集与分析系统基本操作流程

具体见图 2.12.1。

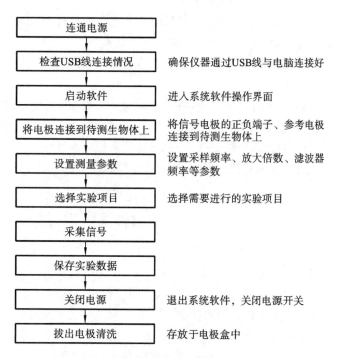

图 2.12.1 生物信号采集与分析系统基本操作流程

2.12.2 生物信号采集与分析系统的操作规范

(1) 打开仪器电源开关。
(2) 检查确保仪器通过 USB 线与电脑连接好。
(3) 双击电脑桌面上"生物信号采集与分析系统"图标,进入系统软件操作界面(以下以采集肌电信号为例)。
(4) 将信号电极的正负端子、参考电极连接到待测生物体上。
(5) 设置采样频率、放大倍数、滤波器频率等参数。
(6) 在软件菜单栏中选择实验类型,在其下拉菜单中选择需要进行的实验项目。
(7) 点击工具栏中"开始"按钮,则系统开始在波形显示区中显示从左向右移动的数据。点击工具栏中的"暂停"按钮,系统则暂停记录波形。
(8) 波形数据记录完毕,点击工具栏中"停止"按钮,系统停止采样。
(9) 点击工具栏中"保存"按钮,系统弹出"另存为"对话框,输入文件名和选择存储位置,则当前记录数据保存到电脑特定位置。
(10) 实验结束,先退出系统应用软件,再关闭仪器电源开关。
(11) 拔出电极清洗并存放于电极盒中。

2.12.3 生物信号采集与分析系统使用注意事项

(1) 仪器开启时,一定是先开启硬件开关再开启应用软件;仪器关闭时,一定是先退出软件系统,再关闭硬件开关。
(2) 采集记录生物信号时,应注意电极的极性及刺入生物体位置的正确性,如果不适当则会使测量信号幅值过低或根本无法获得。
(3) 系统电刺激生物实验时,应避免电极正、负极短接,引起信号短路,损坏仪器设备。
(4) 在实验测量过程中,可随时进行记录,也可随时停止记录,只需要单击工具条按钮就可在记录与不记录之间进行切换,这样方便实验也不浪费磁盘空间。
(5) 在连续采样条件下,系统总的采样频率在 250 kHz 之内,如果用户打开多个通道进行采样,所有通道的采样频率总和不能超过 250 kHz,否则该次选择无效。

本 章 习 题

正误判断题
1. 使用灭菌锅时,必须确认灭菌锅内水位达到标准水位时才能灭菌。(　　)
2. 当灭菌锅内的水位稍低于标准水位时也可进行高压灭菌。(　　)
3. 灭菌锅内如果缺水,可加入一些自来水。(　　)
4. 灭菌锅用水应为去离子水或其他纯净水。(　　)
5. 严禁采用高压蒸汽方法对受热易挥发或易爆等物品进行灭菌操作。(　　)

6. 如果实验需要无菌甲醇,可以使用高压灭菌锅灭菌甲醇。(　　)
7. 使用灭菌锅时,必须等压力降为零时才能打开灭菌锅的盖子。(　　)
8. 由于急着使用灭菌的溶液,当灭菌锅的压力降为 0.1 MPa 时也可以打开灭菌锅的盖子取出灭菌物品。(　　)
9. 高压灭菌过程中严禁打开灭菌锅的盖子。(　　)
10. 对于需要灭菌的瓶装液体,严禁密封灭菌,应当在瓶塞上进行泄压处理。(　　)
11. 灭菌瓶装液体时,注意密封好瓶口,防止液体溢出。(　　)
12. 高压灭菌锅的使用者须提前接受培训并取得高压容器操作证,方可进行灭菌操作。(　　)
13. 进行高压灭菌时每次灭菌的物品尽可能把灭菌锅塞满以便灭菌更多的物品。(　　)
14. 灭菌时,液体和固体物品应分开放在不同的灭菌框内。(　　)
15. 灭菌时,液体和固体物品可以混放在同一个灭菌框内进行灭菌。(　　)
16. 烘箱应使用专用的电源插座,使用前须确认供电电源的电压符合所用设备的要求。(　　)
17. 禁止使用烘箱烘烤易燃易爆、易挥发及有腐蚀性的物品。(　　)
18. 使用烘箱时,因为需要烘干的物品很多,可以将烘箱内塞满物品,直至一点空隙也没有。(　　)
19. 烘箱内物品放置不能过挤,必须留出一定的空间。注意不要有任何物品插入或堵住进风口、出风口。(　　)
20. 烘箱使用温度可以任意调节,不必在意其最高限定温度。(　　)
21. 烘箱使用温度不能超过其最高限定温度。(　　)
22. 需要冷冻保存在超低温冰箱的样品必须用耐低温的专用容器装好才可放入。(　　)
23. 如需将购买的抗体分装冷冻保存在超低温冰箱时,可使用常用的样品管分装并保存在超低温冰箱中。(　　)
24. 一些强酸及腐蚀性的样品也可以冷冻保存在超低温冰箱中。(　　)
25. 为了方便使用,浓盐酸也可分装冷冻保存在超低温冰箱中。(　　)
26. 从超低温冰箱中取样品时要戴安全防冻手套,防止冻伤。(　　)
27. 从超低温冰箱中取样品时,如果只需要取一个样品,可以不戴安全防冻手套快速取出。(　　)
28. 从液氮罐中取冷冻保存的样品时要戴防护手套。(　　)
29. 打开液氮罐盖子后,应快速拉出样品储存盒。(　　)
30. 从液氮罐中取样品时,打开液氮罐盖子后,应缓慢拉出样品储存盒。(　　)
31. 应定期检查液氮罐的密封状态,当液氮残余量只够使用一个星期时得补充液氮。(　　)
32. 当液氮罐中没有液氮时,应立即补充液氮。(　　)
33. 使用离心机前,配平样品时只要目测觉得两管样品的重量相同即可。(　　)

34. 使用离心机离心前,需使用天平将样品配平。(   )
35. 离心时两管配平的样品必须确保对称放入转子孔腔中。(   )
36. 使用离心机时,使用的最大转速不能超过离心机的最高限速。(   )
37. 使用离心机时,在未达到最大转速之前操作人员不要走开。(   )
38. 使用离心机时,启动离心后,操作人员如果有急事可以在未达到最大转速之前离开,中途再回来检查离心机是否正常运行。(   )
39. 离心前发现离心管上有很细小的裂纹也没关系,可以接着使用。(   )
40. 离心时离心管内样品量不能超过所用离心机说明书规定的最大加样量。(   )
41. 某次离心时,由于样品量比较大,离心管内样品量稍微超过所用离心机说明书规定的最大加样量也可以。(   )
42. 生物安全柜可用于进行感染性实验材料如病毒的相关操作。(   )
43. 一级生物安全柜可保护工作人员和环境安全和实验样品的安全。(   )
44. 三级生物安全柜是目前世界上最高生物安全防护等级的安全柜,适用于高风险的相关实验操作。(   )
45. 为了方便操作,生物安全柜的移门可以移至任意高度。(   )
46. 使用生物安全柜时,不要将移门移过安全线的高度。(   )
47. 生物安全柜内的物品不能挡住气道口,以免干扰气流正常流动。(   )
48. 使用生物安全柜时,头可以偶尔探入其中观察样品。(   )
49. 使用生物安全柜时,严禁使用酒精灯等明火。(   )
50. 使用生物安全柜时,如果实验需要,可以使用酒精灯。(   )
51. 使用生物安全柜后,生物安全柜内使用的物品可以立即取出接着使用。(   )
52. 使用生物安全柜后,柜内使用的物品应先消毒后再取出。(   )
53. 使用超净工作台时,紫外线照射后即可直接进行实验操作。(   )
54. 使用超净工作台时,严禁在紫外灯开启时进行任何操作。(   )
55. 使用带有移门的超净工作台操作时,可以将移门拉至顶端。(   )
56. 使用通风橱时,须先开启排风扇后才能进行操作。(   )
57. 实验结束后,不要立即关闭通风橱,应继续通风1~2 min,确保残留的有毒气体完全排出。(   )
58. 在通风橱中操作强酸、强碱以及挥发性有害气体时,可以将玻璃视窗完全打开。(   )
59. 用紫外分析仪观察凝胶时,可以在紫外灯未关之前快速将凝胶放置于样品台上。(   )
60. 用紫外分析仪观察凝胶时,必须确认紫外灯关闭后才将凝胶放置于样品台上。(   )
61. 用紫外分析仪时,可直接裸手拿取含有溴化乙锭的琼脂糖凝胶。(   )
62. 使用紫外分析仪,拍摄完毕应立即关闭紫外灯电源,彻底清洁样品台,除去残留的电泳缓冲液。(   )
63. 染有溴化乙锭的凝胶样品用紫外分析仪观察后,可直接扔进垃圾桶中。(   )

64. 为了观察激光的强弱，实验人员在操作过程中可以用肉眼直视激光器发出的激光。（　　）

65. 激光器工作过程中严禁断电，对于某些激光器还要求配备不间断工作电源。（　　）

66. 使用激光器过程中，如果激光器突然发生问题，操作人员可临时拆开激光器腔室检查。（　　）

67. 使用激光功率计时，禁止过强的光直接进入光输入口。（　　）

68. 保持激光功率计清洁，工作环境应无酸、碱等腐蚀性气体存在。（　　）

69. 使用激光功率计时，可以用任意参数测量激光功率。（　　）

70. 使用激光功率计时，注意保护好激光功率计的探头，避免硬物戳伤探测器表面或灰尘或其他脏物触及。（　　）

71. 系统电刺激生物实验时，应避免电极正、负极短接，引起信号短路，损坏仪器设备。（　　）

72. 在连续采样条件下，系统总的采样频率在 250 kHz 之内，如果用户打开多个通道进行采样，所有通道的采样频率总和为 255 kHz 也可以。（　　）

73. 生物信号采集与分析系统操作时，仪器开启时，一定是先开启硬件开关再开启应用软件；仪器关闭时，一定是先退出软件系统，再关闭硬件开关。（　　）

本章习题答案

正误判断题

1.（√）	2.（×）	3.（×）	4.（√）	5.（√）
6.（×）	7.（√）	8.（×）	9.（√）	10.（√）
11.（×）	12.（√）	13.（×）	14.（√）	15.（√）
16.（√）	17.（√）	18.（×）	19.（√）	20.（×）
21.（√）	22.（√）	23.（√）	24.（×）	25.（√）
26.（√）	27.（×）	28.（√）	29.（×）	30.（√）
31.（√）	32.（×）	33.（√）	34.（√）	35.（√）
36.（√）	37.（√）	38.（×）	39.（×）	40.（√）
41.（×）	42.（√）	43.（√）	44.（√）	45.（√）
46.（√）	47.（√）	48.（×）	49.（√）	50.（×）
51.（×）	52.（√）	53.（√）	54.（√）	55.（√）
56.（√）	57.（√）	58.（×）	59.（×）	60.（√）
61.（×）	62.（√）	63.（×）	64.（×）	65.（√）
66.（×）	67.（√）	68.（√）	69.（×）	70.（√）
71.（√）	72.（×）	73.（√）		

第 3 章 生物化学试剂安全使用规范

生物化学试剂是生命科学实验室进行教学活动和科学研究过程中开展各种实验的必需品。每种生物化学试剂均具有其特定的化学性质,对其安全使用关系到实验的成功以及实验人员的人身安全和实验环境的安全。因此掌握常用生物化学试剂的性质及其安全使用规范是行使生命科学实验室功能的基本保障。

本章依据生命科学实验室常用生物化学试剂的化学性质和危险性不同将其大体分为有毒害试剂(包括剧毒生物化学试剂、有毒有害试剂、强腐蚀性试剂)、易燃易爆等化学性质不稳定的试剂以及动物麻醉药品,并分别进行详细阐述。

3.1 有毒害试剂

3.1.1 剧毒生物化学试剂

剧毒生物化学试剂(简称剧毒试剂)是指具有剧烈毒性危害的生物类分子或试剂,包括天然毒素、人工合成的试剂等,这些物质可通过吸入、食入、皮肤及眼睛接触等多种方式侵入机体。半数致死量(median lethal dose 或 50% lethal dose,简称 LD_{50})是毒理学中描述有毒物质毒性的常用指标。剧烈急性毒性有一定的判定界限,满足以下条件之一的为剧毒试剂:大鼠试验经口 $LD_{50} \leqslant 50$ mg/kg、经皮 $LD_{50} \leqslant 200$ mg/kg、吸入 $LC_{50} \leqslant 500$ mg/kg或 2.0 mg/L(蒸气)或 0.5 mg/L(尘、雾)即可致死。如氰化钾、氰化钠、三氧化二砷、二氯化汞及某些生物碱等。因此关于这些试剂的购买、使用、储存和废弃物处理等国家均有非常严格的规定,必须严格按规定执行。

1. 购买

生命科学实验室如需购买剧毒试剂应严格执行危险试剂申购程序,按需申购,取得审批同意后方可购买,具体购买流程如下。

(1) 申购人填写危险试剂申购审批表。

(2) 申购人所在实验室的负责人和所在单位的安全管理员和分管领导审核、审批危险试剂申购审批表。

（3）对于管制类危险试剂，取得实验室和所在单位审核同意后，还须将危险试剂申购审批表以及相关申请材料提交上级单位责任部门，例如实验室与设备管理处（以下简称实设处）审核同意后，根据管制类危险试剂的种类，由上级单位责任部门或申购人向行政主管部门提交购买申请。

2. 安全规范操作

剧毒试剂的所有使用人员均须取得使用资格证，操作者必须清晰了解试剂的理化性质，接受正规培训和指导，熟练掌握安全操作方法及相关防护知识。操作时必须按规定佩戴防护用具，并且确认防护用品和采取的安全措施与实验内容的安全等级完全匹配。此外，使用剧毒试剂时必须有符合要求、性能正常的通风设备。操作前预先开启通风设备，然后进行实验。实验结束后，继续保持通风状态，过一段时间再关闭通风设备。

3. 储存

剧毒试剂必须按管理要求严格储存在专用储存柜内，实行专柜保管，使用时必须严格控制，并在存放场所安装监控设施。剧毒试剂专用储存柜应在醒目的位置设置警示标识和指示牌，指示牌上必须注明负责人及联系方式以及所有存放试剂的名称、危险特性、预防措施、应急措施等相关信息。剧毒试剂的日常管理应做到"五双"：双人收发、双人记账、双人双锁、双人运输、双人使用。其中的双人使用是指使用剧毒试剂时必须有两人在场，即一人操作和一人监督。在剧毒试剂使用过程中操作者全程不得离开。

4. 废弃物处理

剧毒试剂的废弃物必须严格回收到指定的容器内，由专门的负责人进行处理。剧毒试剂及其相关容器严禁作为生活垃圾随意丢弃。

3.1.2 有毒有害试剂

有毒有害试剂是指在使用或处置的过程中会对人、其他生物或环境带来潜在危害的生物化学试剂。生命科学实验室中常见的有毒有害试剂较多，例如溴化乙锭（EB）、β-巯基乙醇、氯仿、Trizol、二乙基焦碳酸酯（DEPC）以及 N，N，N′，N′-四甲基乙二胺（TEMED）等。在生命科学实验室中使用有毒有害试剂必须严格遵守相关规定，进行安全规范操作。现以溴化乙锭、氯仿和 TEMED 为例详细介绍其理化特性、安全规范操作、储存及其废弃物处理等。

1. 溴化乙锭（EB）

（1）理化特性：溴化乙锭为芳香族深红色荧光化合物，分子式为 $C_{21}H_{20}BrN_3$。溴化乙锭在 302 nm 紫外光激发下能发射出 590 nm 橙色光。溴化乙锭能嵌入 DNA 或 RNA 碱基之间，与碱基特异性结合，常用来观察被琼脂糖凝胶或聚丙烯酰胺凝胶分离后的核酸样本。

（2）安全操作规范：由于溴化乙锭可与人核酸分子结合，导致基因错配，具有强致癌性。因此配制和使用溴化乙锭时应戴口罩和手套，避免手直接接触。

（3）购买和储存：实验室所用溴化乙锭必须按规定购买，并严格按剧毒试剂管理要求储存,并且避免污染其他化学试剂。

(4) 废弃物处理:实验结束后,操作人员须对含有溴化乙锭的溶液进行无害化处理,然后放入指定的回收容器,不能随意丢弃在桌面或扔进垃圾桶,以免污染环境和危害人体健康。

2. 氯仿

(1) 理化特性:学名三氯甲烷,是一种无色透明液体,分子式是 $CHCl_3$,不溶于水,可溶于醇、醚、苯等。氯仿极易挥发,有特殊气味。氯仿对光敏感,遇光会与空气中的氧气作用,逐渐分解成有毒的光气(碳酰氯)和氯化氢。氯仿对人的中枢神经系统具有麻醉作用,对心、肝、肾有损害。氯仿可以使有机相和无机相迅速分离,同时还可以抑制RNA酶的活性,因此,氯仿常用于核酸分子的提取。

(2) 安全操作规范:氯仿挥发性极强,需在通风橱中操作。操作人员应经过专门培训,严格遵循操作规程,佩戴防毒面具、护目镜和防试剂手套。

(3) 储存:氯仿一般储存于阴凉、通风的环境,远离火种和热源。保持容器密闭,避免与碱类、铝混合存放。

(4) 废弃物处理:含有氯仿的废液应倒入指定容器中,不能随意丢弃,应交由专门机构回收。

3. N,N,N′,N′-四甲基乙二胺(TEMED)

(1) 理化特性:TEMED 是无色透明液体,分子式为 $(CH_3)_2NCH_2CH_2N(CH_3)_2$,有微腥臭味。TEMED 有神经毒性,易燃且有腐蚀性。在生命科学实验室里,TEMED 常被用于配制 SDS-PAGE 胶等生物实验材料,TEMED 可通过催化过硫酸铵形成自由基而促进丙烯酰胺与双丙烯酰胺的聚合。

(2) 安全操作规范:由于 TEMED 有挥发性且有微腥臭味,操作 TEMED 需在通风橱中进行。操作过程中需要穿实验服,戴一次性手套及口罩。

(3) 储存:由于 TEMED 有挥发性,用完 TEMED 之后应及时拧紧瓶盖,以防渗漏。一般将 TEMED 放置在低温避光环境中保存,选用棕色瓶储存,且远离火源。

(4) 废弃物处理:在配制 SDS-PAGE 胶过程中若发现漏胶现象,应及时处理,将含 TEMED 的漏液倒入指定容器中,待专门回收,不可直接倒入下水道。

3.1.3 强腐蚀性试剂

强腐蚀性试剂是指对人体皮肤、眼、消化道、呼吸道和物品等有极强腐蚀作用的化学试剂,例如强酸、强碱及苯酚等。强酸包括浓硫酸、浓盐酸、浓硝酸等,强碱包括氢氧化钠、氢氧化钾等。若人体不慎接触这些物质,会导致皮肤烧伤、器官受损。

1. 浓硫酸

(1) 理化特性:浓硫酸是一种无色、无味液体,分子式是 H_2SO_4,具有强腐蚀性、吸水性、脱水性和强氧化性等性质。浓硫酸可溶于水或醇类溶剂,溶于水时能放出大量的热。遇碱金属如钾、钠等极易引起燃烧、爆炸。浓硫酸在生命科学实验室里常用作氧化剂、玻璃器皿清洁剂等。

(2) 安全操作规范：在稀释浓硫酸时，必须戴上橡胶手套和护目镜，只能把浓硫酸沿着容器壁缓缓倒入水中并不断搅拌，以避免稀释过程中释放大量的热灼伤操作者，同时防止酸液飞溅灼伤操作者的皮肤（见图 3.1.1）。

(3) 储存：浓硫酸应严格按危险品储存规则存放于专用试剂柜中，与氧化剂、易燃物、有机物及金属粉末等严格分开存放。

(4) 废弃物处理：含浓硫酸的废液应放入指定废液存放容器中，由专门部门集中处理。

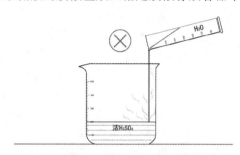

图 3.1.1　浓硫酸安全使用注意事项

注：稀释浓硫酸时，只能把浓硫酸沿着容器壁缓缓倒入水中并不断搅拌，不能将水直接倒入浓硫酸中。

2. 浓盐酸

(1) 理化特性：浓盐酸是无色透明液体，分子式是 HCl。浓盐酸具有浓烈的刺鼻气味，它能与水或乙醇以任意比例混合。浓盐酸呈强酸性，具有较强的腐蚀性和挥发性。在生命科学实验室中常用稀释的浓盐酸调节溶液 pH 值。

(2) 安全操作规范：由于浓盐酸有强腐蚀性和强挥发性，因此取用浓盐酸时应戴上护目镜、手套和口罩等，在通风橱中进行操作，避免吸入挥发出的 HCl。

(3) 储存：浓盐酸应严格按危险品储存规则存放于专用试剂柜中，与碱类、碱金属、易燃物等分开存放。

(4) 废弃物处理：含浓盐酸的废液需经中和、分解等处理后倒入指定的废液存放容器中，由专门部门集中处理。

3. 苯酚

(1) 理化特性：苯酚又名石炭酸、羟基苯，是一种具有特殊气味的无色针状晶体，其分子式是 C_6H_5OH。苯酚的稀水溶液可直接用作防腐剂和消毒剂，也可用作溶剂和试剂，例如在实验室中提取 DNA 时，加入低浓度苯酚使蛋白质变性，加入高浓度苯酚使蛋白质沉淀。

(2) 安全操作规范：苯酚对人体皮肤和黏膜有强烈的腐蚀作用，可抑制中枢神经或损害肝、肾功能，因此使用苯酚须在通风橱中操作，操作人员须戴上自吸过滤式防尘口罩，戴防护手套和穿防护服。操作过程中苯酚溶液要轻装轻放，不能直接倒出使用（见图 3.1.2）。

(3) 储存：苯酚应储存于通风、干燥的场所，且远离火种、热源。苯酚还应与氧化剂、酸类、碱类化学药品隔离堆放。包装要密封，防止吸潮变质。

(4) 废弃物处理：使用过的苯酚废液应放入指定的废液存放容器中，由有资质的部门集中处理。

图 3.1.2 苯酚安全使用注意事项

注:苯酚不能直接倒出使用,且操作时必须戴防护手套。

4. 氢氧化钠

(1) 理化特性:氢氧化钠又称烧碱、苛性钠,是白色易潮解固体,分子式为 NaOH。氢氧化钠溶于水时会释放出大量热,遇各种酸发生中和反应也能产生大量热。氢氧化钠在生命科学实验室常用于气体的干燥剂、调节溶液 pH 值、中和废酸等。

(2) 安全操作规范:氢氧化钠具有极强的腐蚀性,接触皮肤能破坏机体组织导致坏死。使用氢氧化钠可在通风橱中操作,应戴防护头罩、穿橡胶耐酸碱服和戴橡胶耐酸碱手套,且远离易燃物,避免与酸类接触。稀释或制备氢氧化钠溶液时,应把氢氧化钠缓慢加入水中,避免沸腾和液体飞溅。

(3) 储存:由于氢氧化钠极易溶于水且容易潮解,故氢氧化钠应严格密封存放在干燥、通风的地方且远离易燃物及酸类化学药品。

(4) 废弃物处理:高浓度氢氧化钠废液须经中和处理,确认安全后,才可倒入废液回收容器。

3.2 化学性质不稳定的试剂

化学性质不稳定的试剂可分为易燃易爆试剂和强氧化性试剂。

3.2.1 易燃易爆试剂

一般将闪点(闪点是指在规定的试验条件下,使用某种点火源造成液体汽化而着火的最低温度)在 25 ℃以下的化学试剂列入易燃试剂,它们极易挥发,遇明火即可燃烧。常见易燃易爆试剂有醇类、醚类、胺类、苯类等,例如甲醇、乙醇、乙醚等。还有一些固体试剂如钾、钠、锂、钙、氢化铝、电石等。

1. 甲醇

(1) 理化特性:甲醇是无色透明、具有刺激性气味的液体,分子式是 CH_3OH。甲醇易挥发、极易燃,其蒸气与空气易形成爆炸性混合物。甲醇能与水和多种有机物混溶。在生命科学实验室甲醇常被用作溶剂、甲基化试剂等。

(2) 安全操作规范:甲醇有毒,人口服中毒最低剂量约为 100 mg/kg,经口摄入 0.3~1 g/kg 可致死。由于甲醇具有强挥发性和易燃性,故使用甲醇时应在通风橱中进行操作,且操作时应戴上手套和口罩,并注意远离热源和明火。

(3) 储存:严禁将甲醇储存于冰箱中,应存放在危险化学品试剂柜中且储存温度控制在 30 ℃ 以下,并在试剂瓶上标注"易燃易爆",禁止与氧化剂、酸类、碱金属等存放在一起。

(4) 废弃物处理:甲醇废液必须存放于指定的废液桶中,定期交给相关部门进行回收,不得直接倒入下水道(见图 3.2.1)。

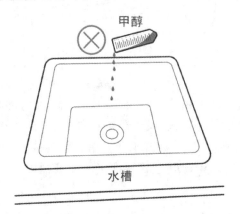

图 3.2.1　含甲醇废弃物处理规范

注:含甲醇废弃物不能直接倒入下水道,必须存放于指定的废液桶中,定期交给相关部门进行回收。

2. 乙醇

(1) 理化特性:乙醇是一种具有芳香气味的无色液体,分子式是 C_2H_6O。乙醇易挥发、易燃烧,它能与水任意互溶,且能够溶解多种无机物和有机物。乙醇蒸气与空气混合易形成爆炸性混合物。乙醇是生命科学实验室常用的试剂,可用来提取 DNA 等,75% 乙醇(医用酒精)常用于实验室消毒,高浓度的乙醇用作酒精灯燃料。

(2) 安全操作规范:由于乙醇具有易挥发、易燃的特性,使用过程中一定要注意远离火源、热源。使用酒精灯时应小心,避免喷过酒精的部位靠近酒精灯火焰。

(3) 储存:放在阴凉、干燥的地方,最好存放于易燃易爆药品专用化学试剂柜中(见图 3.2.2)。

(4) 废弃物处理:无须特殊处理。

3. 乙醚

(1) 理化特性:乙醚是无色透明液体,有芳香气味,分子式为 $C_2H_5OC_2H_5$。乙醚微溶于水,易溶于三氯甲烷、乙醇、苯等有机溶剂。乙醚易挥发,遇高热、明火极易爆炸,其蒸气与空气混合容易形成爆炸物。在生命科学实验室中乙醚常用于有机萃取剂和实验动物麻醉等。

(2) 安全操作规范:由于乙醚具有神经麻醉作用且易挥发,所以应避免乙醚与皮肤直接接触,操作时应使用相应的全身防护用品,操作环境应远离火源。

图 3.2.2　乙醇储存规范

注:乙醇应放置在易燃易爆药品专用化学试剂柜中,不能与强腐蚀性化学试剂混放。

（3）储存:乙醚应储存于阴凉、通风的防爆试剂柜中,远离火种、热源和避免阳光直射,并且要求包装严密,切勿与空气接触,必须与氧化物等试剂分开储存。

（4）废弃物处理:乙醚废弃物应存放于指定的废液桶中,定期交给相关部门进行回收,不得直接倒入下水道。

3.2.2　强氧化性试剂

强氧化性试剂是指具有强氧化性的试剂,在适当条件下可放出氧发生爆炸,包括过氧化物或有强氧化能力的含氧酸及其盐。强氧化性试剂一般具有腐蚀性。高锰酸盐、无机过氧化物、有机过氧化物、氯酸盐、高氯酸盐、硝酸盐等都属于常见的强氧化性试剂。

1. 高锰酸钾

（1）理化特性:高锰酸钾是黑紫色、细长的斜方柱状结晶,带蓝色的金属光泽,分子式是 $KMnO_4$。高锰酸钾可溶于水、碱液,微溶于甲醇、丙酮、硫酸。高锰酸钾与某些有机物或还原剂接触,易发生爆炸,例如高锰酸钾与乙醇、乙醚、硫黄、磷、硫酸、双氧水等接触会发生爆炸。在生命科学实验室中高锰酸钾常用作氧化剂。

（2）安全操作规范:在使用高锰酸钾时要注意戴上手套和护目镜,操作环境加强通风,温度不能超过 30 ℃,且远离火种和热源。

（3）储存:高锰酸钾是强氧化性试剂,在某些条件下可以放出氧,有发生爆炸的危险,注意和还原性以及易燃易爆类物质分开存放在专柜中,须有强氧化性标志。

（4）废弃物处理:高浓度高锰酸钾具有一定的腐蚀性,需稀释到低浓度后按一般化学试剂废液处理。

2. 过氧化氢

（1）理化特性:过氧化氢是无色透明液体,分子式为 H_2O_2。过氧化氢可溶于水、醇、乙醚,不溶于苯、石油醚。过氧化氢含量 60%～100% 为爆炸品,40%～60% 为一级氧化剂,市售工业品含量为27.5%及35%,医药用品含量为3%。

(2) 安全操作规范:过氧化氢具有强腐蚀性。操作过氧化氢时需要穿实验服和戴防腐防护手套。

(3) 储存:过氧化氢储藏在阴凉、通风的试剂柜中,远离火种、热源,避免阳光直晒,温度不超过30 ℃。过氧化氢的氧化能力强,与强氧化剂如高锰酸钾共存能发生猛烈氧化还原反应,与丙酮、甲酸、羧酸、乙二醇共存能引起爆炸。过氧化氢与各种强氧化剂、易燃物应隔离存放(见图3.2.3)。

(4) 废弃物处理:过氧化氢的废液应经稀释处理之后倒入指定的废液桶中,定期交给相关部门进行回收。

图 3.2.3　过氧化氢储存规范

注:过氧化氢不能与强氧化性药品存放在一起。

3.3　动物麻醉药品

动物实验中常用到麻醉药品,有全身麻醉药和局部麻醉药,其中全身麻醉药又分为吸入型和注射型。吸入麻醉药常见的有乙醚,但是由于乙醚极易挥发,在实验过程中不易控制且容易对实验人员的健康构成危害,故一般不常用。注射麻醉药有戊巴比妥钠等。

1. 购买

动物麻醉药品的购买要经过违禁药品专门购买途径按照相关规定购买。麻醉药品入库时必须货到即验,至少双人开箱验收,入库验收要有相关详细记录。

2. 安全操作规范

动物麻醉药品的操作要经过专门的培训,培训合格者方可使用,使用麻醉药品要进行登记。

3. 储存

动物麻醉药品的存放要设立专库或者专柜,专库和专柜要设置防盗设施,并且实行双人双锁管理。

4. 废弃物处理

废弃的动物麻醉药品须由实验室专门管理员负责计数、监管,按相关规定销毁,并做好相关记录。

本章习题

正误判断题

1. 如果实验需要,实验人员可自行购买剧毒试剂。(　　)
2. 实验室任何人员都可使用剧毒试剂。(　　)
3. 剧毒试剂的所有使用人员均须取得使用资格证。(　　)
4. 使用剧毒试剂时必须按规定佩戴防护用具,并且确认防护用具和采取的安全措施与实验内容的安全等级完全匹配。(　　)
5. 在剧毒试剂的使用过程中,如操作者临时有急事,中途可以短暂离开。(　　)
6. 剧毒试剂的废弃物必须严格回收到指定的容器内,由专门的负责人进行处理。(　　)
7. 配制和使用溴化乙锭时应戴口罩和手套,避免手直接接触。(　　)
8. 溴化乙锭只要存储在通风、干燥的地方就可以。(　　)
9. 由于溴化乙锭具有强致癌性,需严格按剧毒试剂管理要求储存。(　　)
10. 氯仿极易挥发,有特殊气味,且其对人的中枢神经系统具有麻醉作用。(　　)
11. 使用氯仿时无须在通风橱中操作。(　　)
12. 由于氯仿具有挥发性和有毒,使用氯仿时必须在通风橱中操作。(　　)
13. 在配制 SDS-PAGE 胶过程中若发现漏胶现象,应及时处理,将含 TEMED 的漏液倒入指定容器中,待专门回收,不可直接倒入下水道。(　　)
14. 由于 TEMED 具有挥发性且有微腥臭味,使用时必须在通风橱中操作。(　　)
15. TEMED 可用普通试剂瓶储存。(　　)
16. 在稀释浓硫酸时,可以把浓硫酸沿着容器壁缓缓倒入水中并不断搅拌。(　　)
17. 在稀释浓硫酸时,可将大量水直接倒入少量浓硫酸中并不断搅拌。(　　)
18. 浓硫酸可溶于水或醇类溶剂,溶于水时能放出大量的热。(　　)
19. 取用浓盐酸时需在通风橱中操作。(　　)
20. 在取用少量浓硫酸或浓盐酸时,可不戴口罩和手套快速操作。(　　)

21. 苯酚溶液在操作过程中可直接倒出使用。（　　）
22. 使用苯酚须在通风橱中操作，操作人员须戴上自吸过滤式防尘口罩、戴防护手套和穿防护服。（　　）
23. 苯酚应储存于通风、干燥的场所，且远离火种、热源。同时应与氧化剂、酸类、碱类化学药品隔离堆放。（　　）
24. 含有苯酚的废液可直接倒入水槽中。（　　）
25. 稀释或制备氢氧化钠溶液时，应把氢氧化钠缓慢加入水中，避免沸腾和液体飞溅。（　　）
26. 氢氧化钠应严格密封存放在干燥、通风的地方且远离易燃物及酸类化学药品。
27. 甲醇可储存于冰箱中。（　　）
28. 由于甲醇具有强挥发性和易燃性，故使用甲醇应在通风橱中进行操作，且操作时应戴上手套和口罩，并注意远离热源和明火。（　　）
29. 使用酒精灯时，喷过酒精的部位可靠近酒精灯火焰。（　　）
30. 乙醇应放置在易燃易爆药品专用化学试剂柜中，不能与强腐蚀性化学试剂混放。（　　）
31. 由于乙醚具有神经麻醉作用且易挥发，所以应避免乙醚与皮肤直接接触，操作时应戴相应的全身防护用具，操作环境应远离火源。（　　）
32. 乙醚废弃物可直接倒入下水道中。（　　）
33. 高锰酸钾可与乙醇放在同一个试剂储存柜中。（　　）
34. 高浓度高锰酸钾具有一定的腐蚀性，需稀释到低浓度后按一般化学试剂废液处理。（　　）
35. 过氧化氢储藏在阴凉、通风的试剂柜中，远离火种、热源，避免阳光直晒。（　　）
36. 过氧化氢可与高锰酸钾一起存放。（　　）
37. 动物麻醉药品的购买要经过违禁药品专门购买途径按照相关规定购买。（　　）
38. 只要实验需要，任何实验人员均可使用动物麻醉药品。（　　）
39. 废弃的动物麻醉药品须由实验室专门管理员负责计数、监管，按相关规定销毁，并做好相关记录。（　　）
40. 做实验过程中，酸液不慎滴在皮肤上，应该赶快用酒精棉球擦拭。（　　）
41. 有毒化学试剂是指以较小剂量进入人体而导致疾病或死亡的有毒物质。（　　）
42. 有毒有害试剂是指在使用或处置的过程中会对人、其他生物或环境带来潜在危害的生物化学试剂。（　　）
43. 实验室常用溶剂应按类别进行存放。（　　）
44. 从试剂瓶中取出的药品，如果取出过多，要秉持不浪费的原则，再放回原试剂瓶中。（　　）
45. 易燃易爆化学试剂是指闪点在 25 ℃以下的极易挥发的液体、遇明火即可燃烧的物品。（　　）
46. 如果配制含有 TEMED 的凝胶时发生漏胶现象，为了重新配制凝胶，可将尚未凝固的溶液迅速倒入下水道中冲走。（　　）

47. 强氧化剂和强还原剂药品可以存放在一起。（ ）
48. 易燃易爆的化学药品可以用明火进行加热。（ ）
49. 当强碱溶液溅出时，可先用水稀释后再处理。（ ）
50. 当强碱溶液溅出时，应先用酸进行稀释再处理。（ ）
51. 打开装在塑料瓶中的液体化学药品时不要用力挤压，以免液体飞溅到身上。（ ）
52. 久藏的乙醚在使用前应除去其中的过氧化物。（ ）
53. 固体废弃物回收存放在指定容器中，水溶性废弃物一般直接倒入水槽。（ ）
54. 具有挥发性的有机溶剂可以放入普通冰箱储存。（ ）
55. 有机溶剂、固体化学药品，酸、碱化合物可存放在同一试剂柜中。（ ）
56. 丙酮、乙醇都有较强的挥发性和易燃性，两者都不能在有明火的地方使用。（ ）

本章习题答案

正误判断题

1. （×）　2. （×）　3. （√）　4. （√）　5. （×）
6. （√）　7. （√）　8. （×）　9. （√）　10. （√）
11. （×）　12. （√）　13. （√）　14. （√）　15. （×）
16. （√）　17. （×）　18. （√）　19. （√）　20. （×）
21. （×）　22. （√）　23. （√）　24. （×）　25. （√）
26. （√）　27. （×）　28. （√）　29. （×）　30. （√）
31. （√）　32. （×）　33. （×）　34. （√）　35. （√）
36. （×）　37. （√）　38. （×）　39. （√）　40. （×）
41. （×）　42. （√）　43. （√）　44. （×）　45. （√）
46. （×）　47. （×）　48. （×）　49. （×）　50. （√）
51. （√）　52. （√）　53. （×）　54. （×）　55. （×）
56. （√）

第4章
实验材料存储及操作规范

生命科学实验室常用生物材料大致可分为实验动物材料、人与动物的血液样本、微生物材料、生物大分子材料等。本章对这些材料的常规存储方法以及使用规范等进行阐述。

4.1 实验动物材料的存储及使用规范

实验动物已广泛应用于人和动物的解剖生理学研究、发育和行为学研究,药物和医疗器械研发,构建人类疾病动物模型等。常用的实验动物有猴、狗、家兔、大鼠、小鼠、斑马鱼、果蝇、线虫等。为了加强实验室生物安全管理,保障使用者和饲养者人身安全和环境安全,保障实验动物的权益和安全,保证实验数据的真实性和可重复性,在取得实验动物伦理委员会审批、获得资质的基础上,仍必须严格遵守实验动物材料的存储和使用规范。下面以几个常见的实验动物为例,介绍实验动物的购买、饲养、维护、使用等过程中涉及的操作规范等。

4.1.1 实验兔

1. 购买

(1) 实验兔必须从获得国家认证、具备有效实验动物生产许可证等资质的部门购买。出售实验兔的部门还需提供动物检疫合格证明。可访问实验动物许可证查询管理系统(http://www.lascn.net/Category_1377/Index.aspx)查询实验动物许可证,获取目前具备有效许可证的生产或使用单位相关信息。

(2) 实验兔常用品系(如新西兰白兔、中国白兔等)必须遗传背景明确,并通过人工饲养繁育,严格控制其携带的微生物及寄生虫。

2. 饲养和维护

(1) 为使实验兔达到实验相对应的等级标准,应饲喂营养丰富,不添加抗生素、防腐剂和激素等的饲料。

(2) 保障供给足够的清洁饮水,饲喂含水量较高的新鲜蔬菜,并控制饲喂量。

(3) 保持饲养环境安静、干净、卫生。

3. 操作规范

（1）抓取操作：为防止实验兔受惊，在抓取过程中应动作温柔。从笼内提兔时，轻轻打开笼门，将手伸入笼内，将兔耳放入右掌心内，右手抓住兔颈的皮毛将其轻轻提起，左手托住其臀部，让体重的大部分集中在左手上。

（2）灌胃操作：首先用专用固定器或固定箱固定实验兔，一只手轻轻固定头部，另一只手打开开口器开口，压住实验兔的舌头，从小孔插入胃管，沿咽后壁缓慢插进食管，然后实施药物或食物灌胃。

（3）耳缘静脉注射操作：实验兔耳中央血管为动脉，耳缘血管为静脉。首先用专用固定器或固定箱将实验兔头部固定，按住耳根，弹动或轻揉兔耳，使耳缘静脉充盈；然后绷紧耳缘局部皮肤，消毒，用较小的针头从静脉远端进针，回抽确认进针部位正确后，固定针头，缓慢推入药液。注射结束拔针后，应压迫针眼数分钟至完全止血。

4. 实验兔使用过程的基本安全知识

（1）在所有操作过程中均要防止被实验兔咬伤、抓伤。若不慎受伤，应立即用清水冲洗，然后用碘伏等消毒液消毒，并及时去医院接受治疗，并遵医嘱注射狂犬病疫苗。

（2）防止被注射针头、手术剪等锐利器械刺伤。如果不慎被使用过的针头等刺伤，立即用清水冲洗，碘伏消毒，并及时去医院治疗，并遵医嘱注射狂犬病疫苗。

（3）实验兔尸体及废弃物处理应严格按照国家法律法规以及具体管理办法执行，尸体必须回收处置，或者在规定的冰柜内暂存，不得随意丢弃，严禁食用或出售实验兔。废弃物必须按类别照章处理。

4.1.2 实验小鼠

1. 购买

（1）实验小鼠购买基本要求同上述实验兔的购买。

（2）从国内其他部门引进实验小鼠时，必须附有饲养单位签发的质量合格证书，经隔离检疫合格后方可接收。

（3）从国外引进实验小鼠，必须严格遵守《中华人民共和国进境动植物检疫审批管理办法》的相关规定，禁止从疫区引进实验小鼠。

2. 饲养和维护

（1）从事无特定病原体（specific pathogen free，SPF）实验小鼠饲养的饲养员必须经过专业培训，持证上岗。SPF实验小鼠是教学和科学研究中广泛使用的实验动物。

（2）必须按照不同的品种、品系以及不同的实验目的选用相应的合格实验小鼠并分开饲养，不同品种或互有干扰的动物实验，不得在同一实验间进行。饲养笼具每周至少更换两次。饲养时使用的饲料、垫料、笼器具及饮水等要符合国家标准要求。

（3）必须经常关注实验小鼠的生活习性、行为等是否异常，如果在饲养过程中出现实验小鼠死亡，应立即取出尸体并查明原因，及时更换鼠笼、笼盖、饲料及饮水瓶。

3. 操作规范

（1）抓取操作：首先做好防护，例如戴厚手套。然后，采取正确的方法抓取和固定实验小鼠,防止被实验小鼠抓伤、咬伤(见图4.1.1)。如不慎被抓伤或咬伤,立即用清水冲洗、碘伏消毒,并立即去医院接受治疗,并遵医嘱注射狂犬病疫苗。

图 4.1.1　小鼠安全操作注意事项

注:抓取实验小鼠时要做好防护,并且采取正确的方法抓取和固定实验小鼠,防止被实验小鼠抓伤、咬伤。

(2)解剖操作:操作时应配备相应的实验服、手套、帽子、口罩等。如果不慎割破皮肤,应用清水冲洗,碘伏消毒。如果怀疑有感染,立即去医院接受治疗,并遵医嘱注射狂犬病疫苗。

(3)操作过程中防止实验小鼠逃逸。

4. 实验小鼠使用过程的基本安全知识

(1)在符合教学和科学研究方案需求的前提下,按照替代、减少和优化的原则进行实验设计,尽量减少实验小鼠使用量。

(2)保持实验室设备及环境的整洁、卫生,严防疾病传入动物饲养设施。

(3)从事实验动物相关工作的人员要定期进行健康检查。

(4)尽量在操作过程中减轻实验小鼠的痛苦。实验小鼠尸体及实验废弃物均应按规则和章程进行处理,解剖后的尸体必须统一回收,放入指定冰柜暂存,然后统一处理(见图4.1.2)。

图 4.1.2　实验小鼠尸体处理注意事项

注:实验小鼠尸体应按规则和章程进行处理,解剖后的尸体必须统一回收,不能随意扔进垃圾桶。

4.1.3 斑马鱼

1. 购买

斑马鱼是一种个体小、体外受精、胚胎透明、胚胎早期发育快、易大量繁殖的热带鱼，也是生命科学实验室常用模式脊椎动物之一。斑马鱼基因组序列及其与人类基因组的关联分析于 2013 年由英国 Sanger 研究所完成并发表，发现斑马鱼基因组与人类的基因组序列有高达 70% 相似度，人类疾病相关基因中 84% 基因可以在斑马鱼中找到同源基因，使得斑马鱼成为发育生物学、遗传学疾病的发生机制研究以及治疗药物研发的重要模式动物。国际斑马鱼资源中心（ZIRC，www.zebrafish.org）和中国国家斑马鱼资源中心（CZRC，http://www.zfish.cn）可以为教学和科研工作者提供关于斑马鱼研究相关的资源、资料、操作规范、伦理学标准和遗传学标准、技术服务以及资源转让服务等。

2. 饲养和维护

（1）斑马鱼对水质的要求很高，以弱碱性（pH 7～8）为宜，需及时吸出鱼缸里的残饵和鱼排泄物，并定期清洗和更换鱼缸。鱼缸应保持水温恒定，所使用的过滤海绵等不交叉使用。

（2）斑马鱼每天必须定时喂食，喂食时应观察鱼是否有异常。如果发现烂尾、烂鳃、烂鳍、脱鳞或皮肤充血发炎等症状的鱼，应及时挑出。

（3）新引进的外来斑马鱼的鱼苗、鱼种等必须经过消毒和检疫观察后方可进入饲养室。

3. 操作规范

实验斑马鱼的操作规范可参考《斑马鱼及相关实验技术》。特别注意事项如下：

（1）斑马鱼繁殖：斑马鱼是卵生鱼类，四月龄时即进入性成熟期。通常用六月龄的鱼进行繁殖操作。通常在早晨将雌、雄斑马鱼按 1∶2 比例放入专用的产卵箱，受精后 1～2 h 开始产卵，3～4 h 后产卵结束。亲鱼应尽快取出，放回饲养箱中，鱼卵应悉心照顾。

（2）斑马鱼麻醉：在进行斑马鱼的显微注射/解剖等操作时可以按其他鱼类常用的麻醉方法麻醉，例如使用间氨基苯甲酸乙酯甲磺酸盐（MS-222）麻醉。

（3）斑马鱼安乐死：生病或者老化的实验斑马鱼不能直接扔进废物箱或者下水道内，可以采用快速冷冻致死法，将需要处死的斑马鱼置于 2～4 ℃ 恒温箱内直至其失去意识，鳃盖停止活动。

4.1.4 线虫

1. 购买

以秀丽隐杆线虫（*Caenorhabditis elegans*，*C. elegans*）为典型代表的模式动物线虫，因其明晰的个体结构和遗传背景、较为完善的神经系统以及代表性的行为特征，被广泛应用于神经生物学、行为学及相关疾病的研究。自 1978 年以来在美国国立卫生研究院（National Institutes of Health，NIH）的国家研究资源中心（National Center for Research Resources，NCRR）支持下，建立了秀丽隐杆线虫遗传学中心（CGC，https://cgc.umn.edu/）。该中心可以为世界各地的教学和科研工作者提供包括收集、维护和销售各种秀丽隐杆线虫的服务。

2. 饲养和维护

（1）秀丽隐杆线虫培养时通常选用自身不能合成尿嘧啶/生长缓慢的尿嘧啶缺陷型大肠杆菌 OP50 作为其食物，在线虫生长培养基（nematode growth media，NGM）上培养。配方参考网页 http://cshprotocols.cshlp.org/content/2009/10/pdb.rec11976。

（2）大肠杆菌 OP50 培养板的制备：挑取单菌落转移至 LB 液体培养基中，37 ℃振荡培养 12～16 h，制成菌悬液。根据所使用培养皿大小，吸取适量菌悬液涂布到 NGM 平板，继续培养 24 h。将线虫接种到 NGM 培养基上，置于 20 ℃恒温培养箱中培养。线虫的繁殖周期和生命周期较短，从卵发育到成虫只有 3.5 天，寿命只有 2～3 周，性成熟的线虫能够产下 300～350 个幼虫，需要及时将线虫转移到新的培养板上。

（3）线虫可保存在含 30％甘油 S 缓冲液中，放置在 −80 ℃冰箱中长期保存。

3. 操作规范

（1）线虫生长和繁殖均以活的大肠杆菌 OP50 为食物，操作时必须严格无菌操作，防止环境污染和杂菌污染。

（2）当线虫生长拥挤或食物不足时，线虫会进入幼虫期对抗逆环境，此时可以及时将其转移到新的培养板内，转板时，需要严格在无菌环境中操作。

（3）进行挑虫操作转移线虫时，尽量不要戳破培养基，防止线虫钻进培养基内部。

（4）温度对于线虫的生长和繁殖有很大的影响，在线虫培养过程中需要尽量保持培养室或者培养箱的温度恒定。

4.2 人与动物的血液样本

血液是人与动物机体的基本组成部分，是机体正常生理功能的保障，当机体发生病理变化时，血液成分的组成与血细胞的种类和数量均会随之变化。血细胞中的基因组 DNA 以及血液中游离 DNA 等大分子物质是基因组研究和临床诊断的基础。因此，在生命科学实验中人或动物的血液样本是常见的重要生物材料。

由于许多病原体存在于血液中，所以利用血液样本进行实验时为了保障操作者和实验环境的安全，避免血液样本之间的交叉污染，必须严格遵守血液样本采集、运输、储存、保管和操作规范。下面主要以人血液样本为例进行介绍。

1. 来源

（1）人血液样本应在有资质的医疗机构或血站进行采集。

（2）血液制品必须严格按照《血液制品管理条例》相关规定获取。

2. 储存、运输及保管

（1）符合实验室使用要求的全血样本通常保存在 2～8 ℃，如果是血清或血浆可在 4 ℃或冷冻条件下存放。

（2）如果样本能在 24 h 内送往实验室，可保存于 4 ℃的保温箱内，如果 24 h 内不能送达或有些样本必须送往外地实验室时,样本必须经冷冻处理后在低温下运送。

3. 操作规范

(1) 使用血液样本时必须穿实验服、戴手套和口罩等。

(2) 血液样本相关废弃物必须统一处理,禁止直接倒入水槽或扔进普通垃圾桶,以免造成病原体的传播(见图 4.2.1)。

(3) 实验过程中如不慎划伤自己时,应立即用大量清水冲洗,然后涂碘伏消毒,并及时到相关医院检查和诊治,切不可大意。

图 4.2.1　血液样本废弃物处理规范

注:血液样本相关废弃物必须统一处理,禁止直接倒入水槽或扔进普通垃圾桶。

4. 其他注意事项

(1) 保持实验设施及环境的清洁卫生,防止血液样本污染。

(2) 从事血液样本实验的相关人员必须定期进行健康检查。

4.3　微生物材料

微生物材料是生命科学实验室常用的实验材料之一,例如细菌、病毒、真菌等,其中病原微生物能侵犯人体或实验动物引起疾病。依据《病原微生物实验室生物安全管理条例》,将病原微生物分为四类:第一类病原微生物,是指能够引起人类或者动物非常严重疾病的微生物,以及我国尚未发现或者已经宣布灭绝的微生物;第二类病原微生物,是指能够引起人类或者动物严重疾病,比较容易直接或者间接在人与人、动物与人、动物与动物间传播的微生物;第三类病原微生物,是指能够引起人类或者动物疾病,但一般情况下对人、动物或者环境不构成严重危害,传播风险有限,实验室感染后很少引起严重疾病,并且具备有效治疗和预防措施的微生物;第四类病原微生物,是指在通常情况下不会引起人类或者动物疾病的微生物。其中,第一类、第二类病原微生物统称为高致病性病原微生物。

以微生物尤其是病原微生物为实验材料的教学与科研活动必须严格遵守国家相关管理条例。

1. 购买

（1）购买微生物的样本时，使用者应填写申购表，经负责人审核和审批后，方可依照国家相关法律法规和相关采购规定从国家认证的菌种保藏中心引进。

（2）引进的病原微生物样本严禁私自转让给他人。

2. 储存及保管

（1）微生物样本须有详细的入库记录，病原微生物须设专库或者专柜单独储存，严格做好病原微生物样本的储存、领用、销毁等记录。

（2）使用病原微生物的实验室应采取安全保护措施，严防病原微生物样本被盗、丢失或泄漏。

3. 规范操作

（1）不同类别的病原微生物应在相应级别的生物安全防护实验室进行操作。

（2）从事病原微生物相关实验时必须有两名以上的工作人员共同进行，并做好使用记录。实验结束后，应依照相关规定及时将病原微生物样本存放、销毁或送交规定的保管单位保管。严禁将盛装病原微生物的容器敞开放置（见图 4.3.1）。

（3）涉及病原微生物实验的废弃物，必须进行无害化处理，并按相关规定包装、暂存，由有资质的部门集中处理。

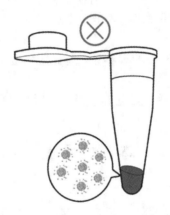

图 4.3.1 含病原微生物样本的操作规范

注：严禁将盛装病原微生物的容器敞开放置。

4.4 生物大分子材料

生命科学实验室常用的生物大分子材料有蛋白质、核酸、脂类、糖类等。有些生物大分子材料对人体或实验动物能够产生危害，如朊蛋白、毒素等，在以这些生物大分子材料为实验材料进行教学和科研活动时必须严格遵守相关的规则和章程，规范操作。

本节以朊蛋白和蓖麻毒蛋白为例简要阐述生物大分子材料规范操作和安全注意

事项。

1. 朊蛋白简介及注意事项

朊蛋白是传染性海绵状脑病的病原体,可引起人或动物中枢神经系统变性疾病,直接威胁人或动物生命。在从事朊蛋白实验时应在相应级别的生物安全防护实验室进行规范操作。

注意事项:

(1) 朊蛋白及相关实验材料必须单独存放,严格做好使用登记和销毁记录。

(2) 由于很难彻底灭活朊蛋白,因此必须使用一次性实验器具,生物安全柜的工作台面必须使用一次性防护罩。

(3) 使用专用仪器设备,不与其他实验室共用仪器。

(4) 与朊蛋白实验相关的废弃物应先做无害化处理,再按照相关的规定进行处理。

2. 蓖麻毒蛋白简介及注意事项

蓖麻毒蛋白是存在于蓖麻籽中的蛋白质,由 A、B 两条多肽链构成异源二聚体。A 链可引起细胞内核糖体快速失活,B 链能与细胞膜上含半乳糖基的糖蛋白结合,阻碍蛋白质合成,导致细胞死亡,引起机体发生严重疾病。因此,从事蓖麻毒蛋白实验时应在相应级别的生物安全防护实验室进行规范操作。

注意事项:

(1) 蓖麻毒蛋白及相关实验材料必须单独存放,严格做好使用登记和销毁记录。

(2) 穿专用实验服,戴口罩和手套,做好防护措施。

(3) 在分离和纯化蓖麻毒蛋白时,对于操作过程中使用的所有试剂均须严格按照相关规定进行操作。

(4) 与蓖麻毒蛋白实验相关的废弃物应先做无害化处理,再按照相关的规定进行处理。

(5) 实验人员若不小心直接接触蓖麻毒蛋白,必须立即送医院救治。

本 章 习 题

正误判断题

1. 实验动物必须从获得国家认证、具备有效实验动物生产许可证等资质的部门购买。(   )

2. 如需开展动物实验,实验动物如兔子、小鼠等可到农贸市场购买。(   )

3. 如果需要从事动物实验操作,实验人员必须取得有关部门颁发的动物实验技术人员资格认可证。(   )

4. 抓取实验兔时如果不小心被咬伤或抓伤,应立即用清水冲洗,然后用碘伏等消毒液消毒,并及时去医院治疗,并遵医嘱注射狂犬病疫苗。(   )

5. 抓取实验兔时,不小心被咬伤或抓伤后,自己用碘伏等消毒液进行处理即可。(   )

6. 对实验兔进行操作的过程中,如果不慎被使用过的针头等刺伤,立即用清水冲洗,

碘伏消毒,并及时去医院治疗,并遵医嘱注射狂犬病疫苗。(　　)

7. 操作实验兔时,不小心被使用过的手术剪刺伤,可等实验结束后再用清水冲洗并用碘伏消毒。(　　)

8. 实验兔的心脏被取出用于实验后,兔子可食用。(　　)

9. 做完实验后,实验兔的尸体可丢弃到垃圾桶中。(　　)

10. 实验兔尸体及废弃物处理应严格按照国家法律法规以及具体管理办法执行,不得随意丢弃。严禁食用或出售实验兔。(　　)

11. 从国外购买实验小鼠时,必须严格遵守《中华人民共和国进境动植物检疫审批管理办法》的相关规定,禁止从疫区引进实验小鼠。(　　)

12. 从国外引进实验小鼠时,只要国外机构同意即可。(　　)

13. 从事无特定病原体实验小鼠饲养的饲养员必须经过专业培训,持证上岗。(　　)

14. 只要实验需要,实验室任何人员均可饲养无特定病原体的实验小鼠。(　　)

15. 不同等级的实验动物,必须饲养在相应级别的设施内。(　　)

16. 抓取实验小鼠时,可不戴厚手套快速抓实验小鼠,然后将实验小鼠麻醉。(　　)

17. 对实验小鼠进行解剖时,如果不小心割破皮肤,用清水冲洗干净即可。(　　)

18. 解剖实验小鼠时,如果不慎割破皮肤,应用清水冲洗,碘伏消毒。如果怀疑有感染,立即去医院接受治疗,并遵医嘱注射狂犬病疫苗。(　　)

19. 由于饲养空间有限,可以将实验兔和实验小鼠放置于一个房间饲养。(　　)

20. 在符合教学和科学研究方案需求的前提下,按照替代、减少和优化的原则进行实验设计,尽量减少实验小鼠使用量。(　　)

21. 饲养斑马鱼的过程中,如果发现烂尾、烂鳃、烂鳍、脱鳞或皮肤充血发炎等症状的鱼,应及时挑出。(　　)

22. 为了加快实验进度,新引进的外来斑马鱼的鱼苗可直接放入饲养室进行饲养。(　　)

23. 新引进的外来斑马鱼的鱼苗、鱼种等必须经过消毒和检疫观察后方可进入饲养室。(　　)

24. 生病或者老化的实验斑马鱼不能直接扔进废物箱或者下水道内,可以采用快速冷冻致死法。(　　)

25. 生病或者老化的实验斑马鱼可直接扔进垃圾桶。(　　)

26. 操作线虫时必须严格无菌操作,防止环境污染和杂菌污染。(　　)

27. 如需对线虫进行转板,可在实验操作台上进行操作。(　　)

28. 生命科学实验室内无污染的死亡动物尸体、组织碎块,应密封在专用塑料袋内,冷冻保存,并交专门机构处理。(　　)

29. 人血液样本应在有资质的医疗机构或血站进行采集。(　　)

30. 采集人血液样本时,只要被采样人同意到私人诊所进行采集即可。(　　)

31. 血液制品必须严格按照《血液制品管理条例》相关规定获取。(　　)

32. 使用血液样本时必须穿实验服、戴手套和口罩等,做好防护。(　　)

33. 血液样本的废弃物必须统一处理,禁止直接倒入水槽或扔进普通垃圾桶。(   )

34. 废弃的血液样本可直接扔进垃圾桶。(   )

35. 从事血液样本实验的相关人员必须定期进行健康检查。(   )

36. 从事病原微生物实验活动的所有操作人员必须经过培训,通过考核,获得上岗证书。(   )

37. 只要实验需要,实验室任何人员均可操作病原微生物。(   )

38. 第一类、第二类病原微生物是高致病性病原微生物。(   )

39. 第三类、第四类病原微生物是高致病性病原微生物。(   )

40. 依照实验室生物安全国家标准的规定,一级、二级实验室不得从事高致病性病原微生物实验活动。(   )

41. 如果有朋友需要,引进的病原微生物样本可以转让给别的实验室的人使用。(   )

42. 引进的病原微生物样本严禁私自转让给他人。(   )

43. 不同类别的病原微生物应在相应级别的生物安全防护实验室进行操作。(   )

44. 开展病原微生物实验时,可用超净工作台替代生物安全柜进行操作。(   )

45. 病原微生物实验的废弃物,必须进行无害化处理,并按相关规定包装、暂存,由有资质的部门集中处理。(   )

46. 朊蛋白或蓖麻毒蛋白及相关实验材料必须单独存放,严格做好使用登记和销毁记录。(   )

47. 使用朊蛋白进行实验必须在生物安全柜中操作,并且使用一次性实验器具和专用仪器设备。(   )

48. 在实验过程中,盛过细菌的玻璃平皿用洗洁精清洗后可再使用。(   )

49. 在微生物实验中,一些污染或盛有有害细菌和病毒的器皿,可经消毒和高压灭菌处理后再利用,不可直接使用。(   )

50. 在微生物实验中,一些不要的菌种要经消毒和高压灭菌处理后再丢弃。(   )

51. 在微生物实验中,一些不要的菌种可直接丢弃。(   )

52. 如果在微生物实验中出现意外事故,如打破菌种管等,应立即用消毒剂来清洁桌面、洗手等,及时杀灭细菌和病毒,避免污染面扩大。(   )

53. 被病原微生物污染的玻璃器皿,应先放在高压灭菌锅中进行消毒灭菌。(   )

54. 被病原微生物污染的锋利物品,如注射针头、解剖刀片和碎玻璃等,应当放置到不容易被刺破的带盖的容器中,把它们当作传染性物质处理。(   )

55. 当在生物安全柜内操作病原微生物材料而发生少量材料溢洒时,应立即处理,并用浸满消毒液的毛巾或纱布对生物安全柜及其内部的所有物品进行擦洗。(   )

本章习题答案

正误判断题

1. (√)   2. (×)   3. (√)   4. (√)   5. (×)
6. (√)   7. (×)   8. (×)   9. (×)   10. (√)
11. (√) 12. (×) 13. (√) 14. (×) 15. (√)
16. (×) 17. (×) 18. (√) 19. (×) 20. (√)
21. (√) 22. (×) 23. (√) 24. (√) 25. (×)
26. (√) 27. (×) 28. (√) 29. (√) 30. (×)
31. (√) 32. (√) 33. (√) 34. (×) 35. (√)
36. (√) 37. (×) 38. (√) 39. (×) 40. (√)
41. (×) 42. (√) 43. (√) 44. (×) 45. (√)
46. (√) 47. (√) 48. (×) 49. (√) 50. (√)
51. (×) 52. (√) 53. (√) 54. (√) 55. (√)

第 5 章
实验室安全及事故处理

5.1 火灾事故

生命科学实验室容易发生火灾事故,其中电气火灾是实验室火灾的主要原因,包括线路短路、超负荷、接点接触不良而产生电火花,设备过热,静电和雷电等。其次,实验操作中常用的许多化学药品具有易燃易爆性,仪器设备(如烘箱、高压钢瓶等)如操作不当很有可能造成火灾甚至爆炸等事故。

石油醚、乙醚、二硫化碳、丙酮和苯等的闪点都比较低,即使存放在普通冰箱内(冰室最低温度-18 ℃,无电火花消除器),也有可能着火,故这类液体不得储存于普通冰箱内。另外,低闪点液体的蒸气只要接触红热物体的表面便会着火,其中二硫化碳尤其危险,即使与散热片或热灯泡接触,其蒸气也会着火,应该特别小心。

5.1.1 火灾的预防

为预防火灾,应遵守以下几点。

(1) 加强实验室人员消防安全教育及开展消防模拟演练。

(2) 实验室要严格管理烟火,加强电气设备管理,定期对实验系统、用电线路和供电线路进行检查。

(3) 电气装置必须符合现行国家标准《爆炸性气体环境用电气设备》(GB 3836—2010)和《建筑电气工程施工质量验收规范》(GB 50303—2015)。

(4) 易燃易爆试剂分类、分组存放,专柜限量储存,专人保管。存储区与明火、可能产生火花的设备、变电箱等保留大于 15 m 的防火间距,且在实验操作这些易燃易爆试剂时要远离火源、热源。

(5) 使用氧气钢瓶时,不得让氧气大量逸出。在含氧量约 25% 的空气中,物质燃烧所需的温度要比在空气中低得多,且燃烧剧烈,不易扑灭。

(6) 严禁在开口容器或密闭体系中用明火加热有机溶剂,当用明火加热易燃有机溶剂时,必须要有冷凝装置或合适的尾气排放装置。

(7) 不得在烘箱内存放、干燥、烘烤有机化学试剂。

(8) 燃着的或阴燃的火柴梗不得乱丢,应放在表面皿中,实验结束后一并投入废物缸。

5.1.2 火灾事故处理

预防火灾事故的发生是非常重要的,但如果事故已经发生,就需要进行应急处置。只要掌握必要的消防知识,一般可以迅速灭火。

实验室发生火灾事故时一般不用水灭火！这是因为水能和一些物质(如钠)发生剧烈反应,用水灭火时会引起更大的火灾甚至爆炸,并且大多数有机溶剂不溶于水且比水轻,用水灭火时有机溶剂会浮在水上面,反而使火势扩大。

1. 实验室必备的灭火器材

(1) 沙箱:将干燥沙子储存于容器中备用,灭火时,将沙子撒在着火处。干沙对扑灭金属起火特别安全有效。平时经常保持沙箱干燥,切勿将火柴梗、玻璃管、纸屑等杂物随手丢入其中。

(2) 灭火毯:通常用大块石棉布作为灭火毯,灭火时盖住火焰即可。近年来已确证石棉有致癌性,故应改用玻璃纤维布。沙子和灭火毯经常用来扑灭局部小火,必须妥善安放在固定位置,不得随意挪作他用,使用后必须归还原处。

(3) 二氧化碳(CO_2)灭火器:是实验室最常使用,也是最安全的灭火器。其钢瓶内储存有 CO_2 气体,特别适用于油脂和电器起火,但不能用于扑灭金属着火。CO_2 无毒,使用后干净、无污染。

(4) 泡沫灭火器:由 $NaHCO_3$ 与 $Al_2(SO_4)_3$ 溶液作用产生 $Al(OH)_3$ 和 CO_2 泡沫,灭火时泡沫把燃烧物质包住,与空气隔绝而灭火。因为泡沫能导电,不能用于扑灭电气设备着火。且灭火后的污染严重,火场清理工作较麻烦,故一般非大火时不用它。

(5) 干粉灭火器(见图 5.1.1):其内充装的是磷酸铵盐等干粉灭火剂。主要用于扑救石油、有机溶剂等易燃液体、可燃气体和电气设备的初期火灾。

2. 采取的措施

对于火灾事故,一旦发生,应该迅速采取以下措施。

(1) 立即拨打 119 报警,同时应立即熄灭附近所有火焰,切断电源,移开易燃易爆物品。视火势大小,采取不同的扑灭方法,防止火势蔓延。

(2) 对在容器(如烧杯、烧瓶、热水漏斗等)中发生的局部小火,可用石棉网、表面皿等盖灭。

(3) 有机溶剂在桌面或地面上蔓延燃烧时,不得用水冲,可撒上细沙或用灭火毯扑灭。

(4) 钠、钾等金属着火时,通常用干燥的细沙覆盖。严禁用水和四氯化碳灭火器,否则会导致猛烈爆炸,也不能用二氧化碳灭火器。

图 5.1.1　干粉灭火器示意图

（5）若衣服着火，切勿慌张奔跑，以免风助火势。化纤织物最好立即脱掉。一般小火可用湿抹布、灭火毯等使火熄灭。若火势较大，可就近用水龙头浇灭。必要时可就地卧倒打滚，防止火焰烧向头部，同时身体在地上压住着火处，使其熄灭。

（6）在反应过程中，若因冲料、渗漏、油浴着火等引起反应体系着火时，情况比较危险，处理不当会加重火势。扑救时必须谨防冷水溅在着火处的玻璃仪器上，必须谨防灭火器材击碎玻璃仪器，造成严重的泄漏而扩大火势。有效的扑灭方法是用几层灭火毯包住着火部位，隔绝空气使其熄灭，必要时在灭火毯上撒些细沙。若仍不奏效，必须使用灭火器，由火场的周围逐渐向中心处扑灭。

5.2　爆 炸 事 故

5.2.1　实验室发生爆炸事故的主要原因

（1）随意混合化学药品。氧化剂和还原剂的混合物反应过于激烈失去控制或在受热、摩擦或撞击时会发生爆炸。

（2）在密闭体系中进行蒸馏、回流等加热操作。

（3）在加压或减压实验中使用不耐压的玻璃仪器。

（4）易燃易爆气体如氢气、乙炔、煤气等大量逸入空气，引起爆燃。

（5）一些本身容易爆炸的化合物，如硝酸盐类、硝酸酯类、芳香族多硝基化合物、乙炔及其重金属盐、有机过氧化物（如过氧乙醚和过氧酸）等，受热或被敲击时会爆炸。强氧化剂与一些有机化合物接触，如乙醇和浓硝酸混合时会发生猛烈的爆炸反应。

（6）在使用和制备易燃易爆气体时，如氢气、乙炔等，不在通风橱中进行，或在其附近点火。

(7) 搬运气体钢瓶时不使用钢瓶车,而让气体钢瓶在地上滚动,或撞击气体钢瓶表头,随意调换表头,或气体钢瓶减压阀失灵等。

表 5.2.1 中列出的混合物都发生过意外的爆炸事故。

表 5.2.1　易发生爆炸事故的混合物

序号	混　合　物	序号	混　合　物
1	镁粉-重铬酸铵	6	有机化合物-氧化铜
2	镁粉-硝酸银（遇水产生剧烈爆炸）	7	还原剂-硝酸铅
		8	氯化亚锡-硝酸铋
3	镁粉-硫黄	9	浓硫酸-高锰酸钾
4	锌粉-硫黄	10	三氯甲烷-丙酮
5	铝粉-氧化铅	11	铝粉-氧化铜

5.2.2　爆炸事故的预防与急救

凡是有爆炸危险的实验应该遵守以下操作规范。

(1) 凡是有爆炸危险的实验,必须遵守实验步骤说明,并应安排在专门的防爆设施(或通风橱)中进行。

(2) 高压实验必须在远离人群的实验室中进行。在做高压、减压实验时,应使用防护屏或防爆面罩。

(3) 禁止随意混合各种化学药品,例如:高锰酸钾和甘油。

(4) 在点燃氢气(H_2)、一氧化碳(CO)等易燃气体之前,必须先检验气体纯度,防止爆炸。银氨溶液不能留存,因银氨溶液久置后将变成叠氮化银(AgN_3)沉淀,易爆炸。某些强氧化剂(如氯酸钾、硝酸钾、高锰酸钾等)或其混合物不能研磨,否则会发生爆炸。

(5) 钾、钠应保存在煤油中,磷可保存在水中,取用时用镊子。一些易燃的有机溶剂,要远离明火,用后立即盖好瓶塞。

(6) 不得让气体钢瓶在地上滚动,不得撞击气体钢瓶表头,更不得随意调换表头。搬运气体钢瓶时应使用钢瓶车。

(7) 在使用和制备易燃易爆气体时,如氢气、乙炔等,必须在通风橱中进行,并不得在其附近点火。

(8) 如果发生爆炸事故,首先将受伤人员撤离现场,拨打 120 呼叫救护车(见图 5.2.1),送往医院急救,同时立即切断电源,关闭煤气开关和水龙头。如已引发了其他事故,则按相应办法处理。

图 5.2.1　120 救护车示意图

5.3　中毒与灼伤事故

某些化学药品使用不慎会造成中毒或灼伤事故。

5.3.1　中毒和灼伤事故的预防

1. 引起中毒和灼伤的途径

1) 引起中毒的途径

（1）由呼吸道吸入有毒物质的蒸气。

（2）通过皮肤、眼睛等直接接触进入人体。

（3）误食有毒的化学药品。

2) 引起灼伤的途径

灼伤是因为皮肤或眼睛直接接触强腐蚀性物质、强氧化剂、强还原剂,如浓酸、浓碱、钠、溴等引起的局部外伤。

2. 中毒与灼伤的预防措施

（1）在实验室里进行某些有潜在危险的实验操作时应该佩戴护目镜,防止眼睛受刺激性气体熏染,防止任何化学药品特别是强酸、强碱等进入眼内。

（2）禁止用手直接取用任何化学药品,使用有毒的化学试剂时除用药匙、量器外必须戴橡胶手套,实验后马上清洗仪器和用具,立即用肥皂洗手。

（3）尽量避免吸入任何药品和溶剂蒸气。处理具有刺激性的、恶臭的和有毒的化学药品时,如 H_2S、NO_2、Cl_2、Br_2、CO、SO_2、SO_3、HF、浓硝酸、发烟硫酸、浓盐酸、乙酰氯等,必须在通风橱中进行。

（4）严禁在酸性介质中使用氰化物。

（5）禁止通过口吸移液管移取浓酸、浓碱,应该用洗耳球吸取。禁止冒险品尝药品试剂,不得用鼻子直接嗅气体,而是用手向鼻孔扇入少量气体。

（6）若药品溅到皮肤上,不要用乙醇等有机溶剂擦洗皮肤,这种做法反而会增加皮肤对药品的吸收。

（7）实验室里禁止吸烟、进食、饮水,禁止打赤膊、穿拖鞋。

5.3.2 中毒和灼伤的急救

1. 眼睛灼伤的急救措施

化学试剂溅入眼内,任何情况下都要立即使用洗眼器(见图 5.3.1)洗涤或用大量水彻底冲洗,急救后必须迅速送往医院检查和治疗。洗涤时可采用以下方法:立即睁大眼睛,用流动清水反复冲洗,边冲洗边转动眼球,但冲洗时水流不宜正对角膜方向。冲洗时间一般不得少于 15 min。若无冲洗设备或无他人协助冲洗时,可将头浸入脸盆或水桶中,睁大眼睛浸泡十几分钟,同样可达到冲洗的目的。注意,若双眼同时受伤,必须同时冲洗。

图 5.3.1　实验室用洗眼器示意图

2. 皮肤灼伤的急救措施

(1) 酸灼伤:被硫酸灼伤后应立即用纸或布轻蘸去残留酸,不可擦破皮肤,然后用大量水冲洗。被盐酸、硝酸灼伤可立即用水冲洗,冲洗后,可用 5% 碳酸氢钠溶液或氧化镁、肥皂水等中和留在皮肤上的氢离子,中和后仍继续冲洗。氢氟酸能让指甲、骨头腐烂,若滴在皮肤上,会形成难以治愈的烧伤。皮肤若被氢氟酸灼伤后,应先用大量水冲洗 30 min 以上,再用冰冷的饱和硫酸镁溶液或 70% 酒精浸洗 30 min 以上,或用大量水冲洗后,用肥皂水或 2%～5% 碳酸氢钠溶液冲洗,用 5% 碳酸氢钠溶液湿敷。局部外用可的松软膏或紫草油软膏及硫酸镁糊剂。

(2) 碱灼伤:先用大量水冲洗,再用 2% 醋酸溶液或 2% 硼酸溶液冲洗,最后用水洗。冲洗后涂上油膏,并将伤口包扎好。重者送医院诊治。

(3) 溴灼伤:立即用大量水冲洗后用酒精擦至灼伤处呈白色,涂上甘油或烫伤膏。

(4) 在受上述灼伤后,若创面起水疱,均不宜把水疱挑破。

3. 中毒的急救措施

在实验室发生化学中毒时,必须采取紧急措施,并立即送往医院医治。

(1) 中毒急救治疗的一般原则:

① 呼吸系统中毒,应使中毒者撤离现场。转移到通风良好的地方,让患者呼吸新鲜空气。中毒轻者会较快恢复正常。若发生休克、昏迷,可给患者吸入氧气及人工呼吸,并

迅速送往医院。

② 消化道中毒应立即洗胃,常用的洗胃液有食盐水、肥皂水、3%～5%碳酸氢钠溶液,边洗边催吐,洗到基本没有毒物后服用生鸡蛋清、牛奶、面汤等解毒剂。

③ 若遇经皮肤吸收的毒物,或有腐蚀性造成皮肤灼伤的毒物,应立即脱去受污染的衣物,用大量清水冲洗,也可用微温水,禁用热水。

(2) 常见中毒急救措施:

① 固体或液体毒物中毒时若有毒物质尚在嘴里要立即吐掉,用大量水漱口。误食碱者,先饮大量水再喝些牛奶。误食酸者,先喝水,再服 $Mg(OH)_2$ 乳剂,最后饮些牛奶。不要用催吐药,也不要服用碳酸盐或碳酸氢盐。

② 重金属盐中毒者,喝一杯含有几克 $MgSO_4$ 的水溶液,立即就医。不要服催吐药,以免引起危险或使病情复杂化。

③ 砷和汞化物中毒者,必须紧急就医。

5.3.3 眼睛进异物的急救

若玻璃碎屑进入眼睛,要尽量保持冷静,绝不可用手揉擦,也不要试图让别人取出碎屑,尽量不要转动眼球,可任其流泪,有时碎屑会随泪水流出。用纱布轻轻包住眼睛后,将伤者急送医院处理。若系木屑、尘粒等异物,可由他人翻开眼睑,用消毒棉签轻轻取出异物,或任其流泪,待异物排出后,再滴入几滴鱼肝油。

5.3.4 烫伤、割伤等外伤的急救

在实验过程中使用火焰、热蒸气、红热的玻璃和金属时易发生烫伤。割伤也是实验室常见的伤害,尤其是在向橡皮塞中插入温度计、玻璃管时一定要用水或甘油润滑且用布包住玻璃管轻轻旋入,如用力过猛易导致割伤。

外伤急救方法如下。

(1) 割伤首先必须检查伤口内有无玻璃碎屑等异物,用水洗净伤口,再擦碘伏或龙胆紫,必要时用纱布包扎。也可在洗净的伤口上贴上创可贴。若伤口较大或过深而大量出血,要迅速包扎止血,立即送医院诊治。

(2) 一旦被火焰、热蒸气、红热的玻璃、铁器等烫伤时,立即将伤处用大量水冲淋或浸泡,以迅速降温,避免深度烫伤。对轻微烫伤,可在伤处涂些鱼肝油或烫伤膏后包扎。一般用 90%～95% 酒精消毒后,涂上苦味酸软膏。如果伤处红痛或红肿,可用橄榄油或用棉花蘸酒精敷盖伤处。若皮肤起水疱,不要弄破水疱,要防止感染,用纱布包扎后送医院治疗。

实验室应常备医药箱(见图 5.3.2),医药箱专供急救用,不允许随便挪动,平时不得动用其中的器具。医药箱内一般有下列急救药品和器具。

(1) 消毒剂:75% 酒精、0.1% 碘伏、3% 双氧水、酒精棉球等。

(2) 烫伤药:玉树油、蓝油烃、烫伤膏、凡士林等。

(3) 创伤药:红药水、龙胆紫、消炎粉等。

(4) 化学灼伤药:5% 碳酸氢钠溶液、1% 硼酸溶液、2% 醋酸溶液、氨水、2% 硫酸铜溶

液等。

（5）治疗用品：剪刀、药棉、纱布、棉签、创可贴、绷带、镊子等。

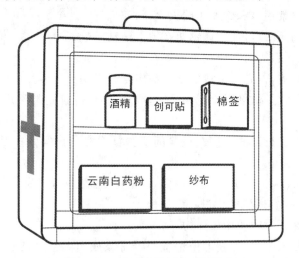

图 5.3.2　实验室用医药箱示意图

本章习题

正误判断题

1. 实验室安全管理应坚持安全第一、预防为主的方针。（　　）
2. 苯是一种常见的易燃有机液体。（　　）
3. 高压钢瓶如操作不当很有可能造成火灾甚至爆炸等事故。（　　）
4. 乙醚的闪点较低，故应储存于普通冰箱内。（　　）
5. 低闪点液体的蒸气接触红热物体的表面便会着火。（　　）
6. 易燃易爆试剂需分类、分组存放，专柜限量储存，由专人保管。（　　）
7. 装有有机化学试剂的瓶子如潮湿，可置于烘箱内干燥、烘烤。（　　）
8. 燃着的或阴燃的火柴梗可直接丢入垃圾桶。（　　）
9. 实验室发生火灾事故时一般用水灭火。（　　）
10. 二氧化碳（CO_2）灭火器可以用于扑灭金属着火。（　　）
11. 应加强实验室人员消防安全教育并开展消防模拟演练。（　　）
12. 为改善室内的空气质量，可打开氧气钢瓶，让氧气逸入室内。（　　）
13. 有机溶剂在开口容器中可用明火加热。（　　）
14. 当用明火加热易燃有机溶剂时，必须要有冷凝装置或合适的尾气排放装置。（　　）
15. 回流和加热时，液体量不能超过烧瓶容量的 2/3。（　　）
16. 干粉灭火器主要用于扑救石油、有机溶剂等易燃液体、可燃气体和电气设备的初期火灾。（　　）

17. 泡沫灭火器主要用于扑灭电气设备着火。（   ）

18. 有机溶剂在桌面或地面上蔓延燃烧时,应赶紧用水扑灭。（   ）

19. 金属着火严禁用水和四氯化碳灭火器扑灭。（   ）

20. 搬运气体钢瓶时,可让气体钢瓶在地上滚动。（   ）

21. 镁粉和硝酸银、锌粉和硫黄可放置在一起。（   ）

22. 发生电气火灾,首先应采取的第一措施是扑灭明火。（   ）

23. 当有危害的化学试剂发生泄漏、洒落或堵塞时,应首先避开并想好应对的办法再处理。（   ）

24. 在实验室里进行某些有潜在危险的实验操作时应该佩戴护目镜,防止眼睛受刺激性气体熏染。（   ）

25. 处理 H_2S、NO_2、Cl_2、Br_2、发烟硫酸、浓盐酸、乙酰氯等具有刺激性的、恶臭的和有毒的化学药品时,必须在通风橱中进行。（   ）

26. 严禁在酸性介质中使用氰化物。（   ）

27. 化学试剂溅入眼内,先立即使用洗眼器洗涤或用大量水彻底冲洗。洗涤时可采用以下方法:立即睁大眼睛,用流动清水正对角膜方向冲洗。（   ）

28. 凡是有爆炸危险的实验,必须遵循实验步骤说明,并应安排在专门的防爆设施(或通风橱)中进行。（   ）

29. 使用有毒的化学试剂时除用药匙、量器外必须戴橡胶手套。（   ）

30. 硫酸烧伤后应立即用大量水冲洗。（   ）

31. 重金属盐中毒者,应立即服催吐药催吐有毒物质。（   ）

32. 烫伤时,立即将伤处用大量水冲淋或浸泡,以迅速降温,避免深度烫伤。（   ）

33. 碱灼伤者先用大量水冲洗,再用2%醋酸溶液或2%硼酸溶液冲洗,最后用水洗。冲洗后涂上油膏,并将伤口包扎好。（   ）

34. 割伤首先必须检查伤口内有无玻璃碎屑等异物,用水洗净伤口,再擦碘伏或龙胆紫,必要时用纱布包扎。（   ）

35. 在加压或减压实验中不得使用不耐压的玻璃仪器。（   ）

36. 向橡皮塞中插入温度计、玻璃管时一定要用水或甘油润滑且用布包住玻璃管轻轻旋入。（   ）

37. 若衣服着火,最好立即脱掉。若火势较大,可就近用水龙头浇灭或就地卧倒打滚,同时身体在地上压住着火处,使其熄灭。（   ）

38. 在使用和制备易燃易爆气体时,如氢气、乙炔等,必须在通风橱中进行,并不得在其附近点火。（   ）

39. 大量集中使用气体钢瓶,应注意根据气体钢瓶的介质情况,采取必要的防火、防爆、防电(包括静电)、防毒、防辐射等措施。（   ）

40. 若皮肤起水疱,不要弄破水疱,要防止感染,用纱布包扎后送医院治疗。（   ）

41. 对于在易燃易爆、易灼烧及有静电发生的实验室,建议使用化纤防护用品(具)。（   ）

42. 医药箱内一般有下列急救药品和器具:75%酒精、0.1%碘伏、3%双氧水、酒精

棉球等。（ ）

43. 钾、钠应保存在煤油中,磷可保存在水中,取用时用镊子。（ ）

44. 火灾发生后,如果逃生之路已被切断,应退回室内、关闭通往已燃烧房间的门窗,并向门窗上泼水延缓火势发展,同时打开未受烟火威胁的窗户,发出求救信号。（ ）

45. 为避免误食有毒的化学药品,应注意做到不把食物、食具带进实验室。（ ）

46. 长时间使用恒温水浴锅时,应注意及时加水,避免干烧发生危险。（ ）

47. 在触电现场,若触电者已经没有呼吸或脉搏的表现,此时可以判定触电者已经死亡,从而放弃抢救。（ ）

48. 学生晚上回宿舍时,其在实验室的计算机主机应关闭,显示器一般不用关闭。（ ）

本章习题答案

正误判断题

1. （√）   2. （√）   3. （√）   4. （×）   5. （√）
6. （√）   7. （×）   8. （×）   9. （×）   10. （×）
11. （√） 12. （×） 13. （×） 14. （√） 15. （√）
16. （√） 17. （×） 18. （×） 19. （√） 20. （×）
21. （×） 22. （×） 23. （√） 24. （√） 25. （√）
26. （√） 27. （×） 28. （√） 29. （√） 30. （×）
31. （×） 32. （√） 33. （√） 34. （√） 35. （√）
36. （√） 37. （√） 38. （√） 39. （√） 40. （√）
41. （×） 42. （√） 43. （√） 44. （√） 45. （√）
46. （√） 47. （×） 48. （×）

第 6 章
常见仪器操作步骤图解

6.1　立式高压灭菌锅的操作规范
（以 GI54DWS 型高压蒸汽灭菌锅为例）

（1）检查确认灭菌锅的各个部件完整无损以及各项技术指标正常后，打开电源开关。

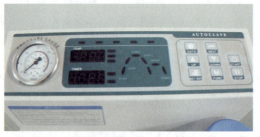

立式高压灭菌锅
操作规范视频

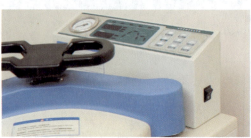

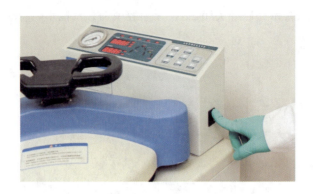

（2）逆时针旋转手柄，打开灭菌锅盖。

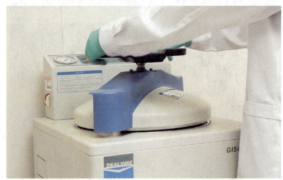

（3）检查并确认排水阀已经关闭后，往灭菌腔中加入蒸馏水，直至水流进水位板中间的水位指示器。

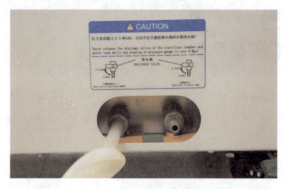

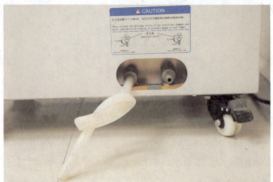

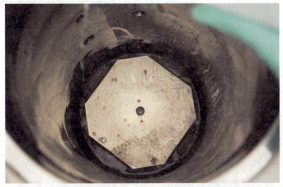

（4）将待灭菌物品有序地放入灭菌桶后，置于灭菌腔中。

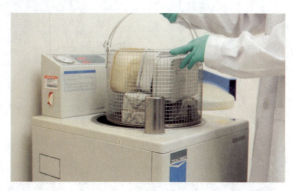

（5）往左轻推横梁直至靠紧立柱,然后按顺时针方向旋转手柄。当闭盖指示灯亮时,继续旋转半周直至手柄旋紧。

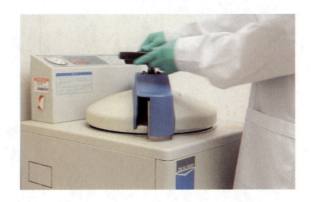

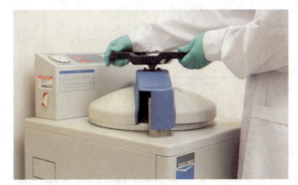

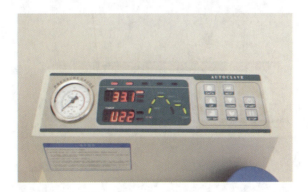

(6) 选择所需的灭菌程序后即可启动灭菌过程。

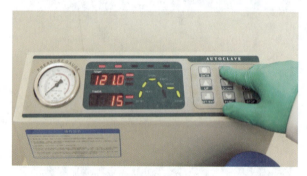

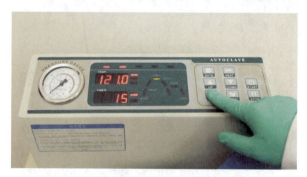

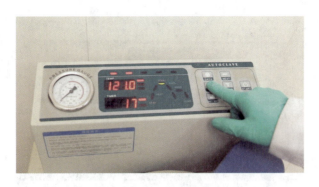

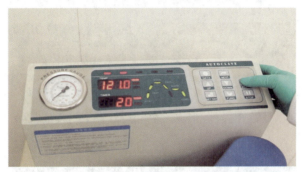

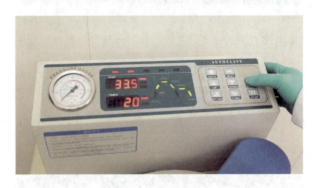

（7）灭菌结束后，让灭菌室内温度自然降至 80 ℃以下、压力降至零后，才可按逆时针方向旋转手柄，打开灭菌锅盖，取出灭菌物品。

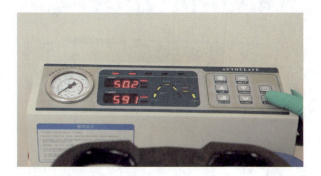
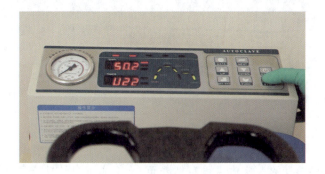

第 6 章 | 常见仪器操作步骤图解

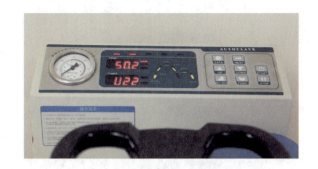

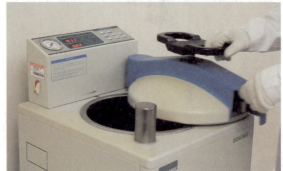
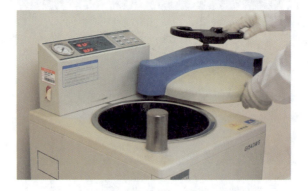
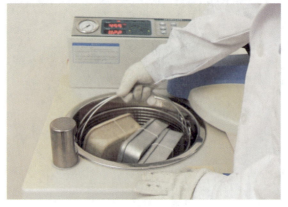

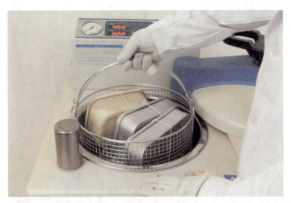

(8) 打开排水阀排出灭菌水,关闭灭菌锅盖,关闭电源,做好使用登记。

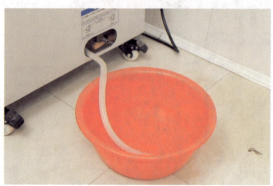

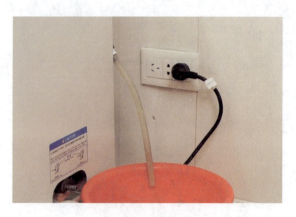

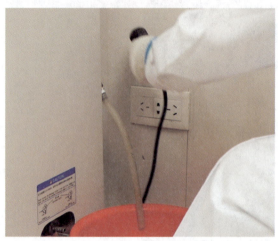

6.2 液氮罐的规范操作

(1) 戴防护手套和护目镜。

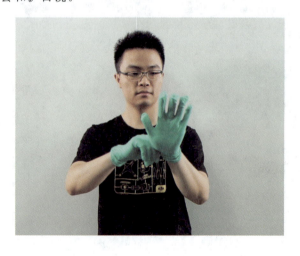

液氮罐操作规范
视频

（2）缓慢打开液氮罐盖子。缓慢拉出提斗（样品储存盒），注意避免碰擦样品储存盒。待液氮没有呈股流下时，盖好盖子，以免更多液氮流失。

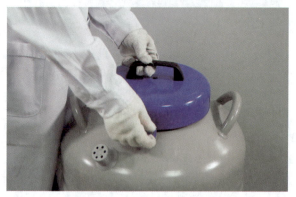

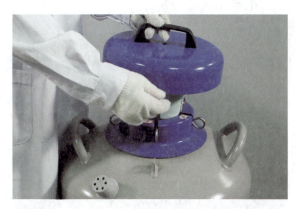

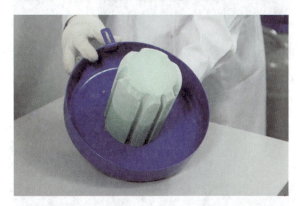

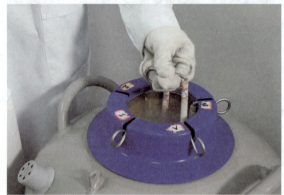

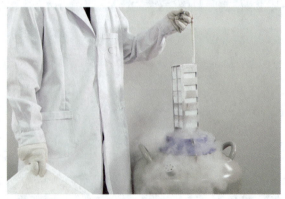

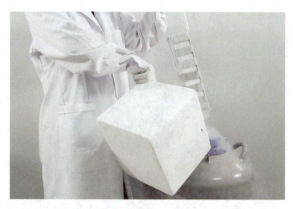
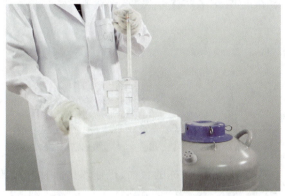

(3) 将样品储存盒放置在平整、防冻的台面,迅速取出目标样品放置于冰上。

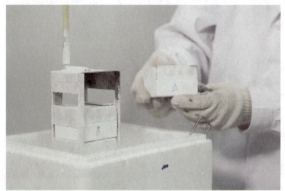

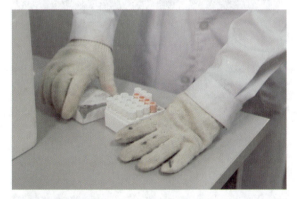

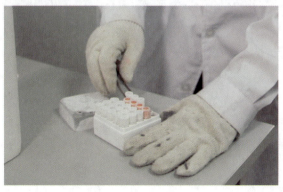

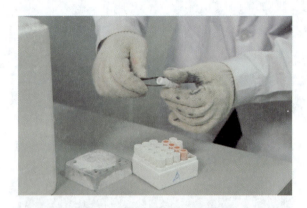
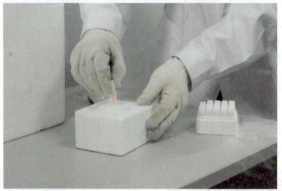

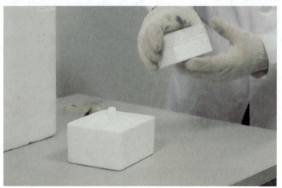

(4) 取样结束后,缓慢打开盖子,将样品储存盒缓慢放回液氮罐中,盖好盖子。

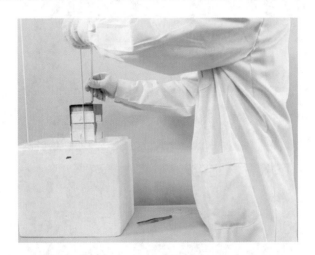

6.3 超速离心机的操作规范
（以 Optima L-80XP 型超速离心机为例）

（1）检查确认超速离心机各个部件完整无损后接通电源，开启电源开关"POWER"至"ON"位置。

超速离心机操作
规范视频

（2）打开离心机门盖，检查内部无任何杂物后，选取本次离心操作所需并与所用离心机相配套的转子，按要求准确安装。同时，在离心机上设置所用转子的型号，以及与之配合的转速、运行温度和运行时间。

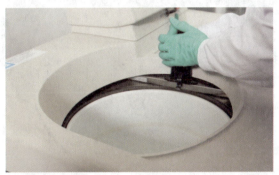

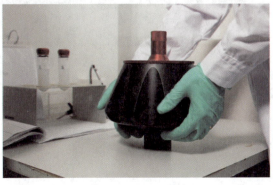

（3）选用与所用转子相适配的专用离心管，确认离心管无任何破损后，将需离心分离的样品加入。确保样品管或平衡管严格配平后，将样品管以及平衡管对称放入转子孔腔中（如果离心管和转子孔腔带有编号，则将离心管准确放入与之有相应编号的转子孔腔中），拧紧转子盖，关闭离心机门盖。

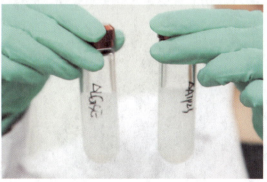

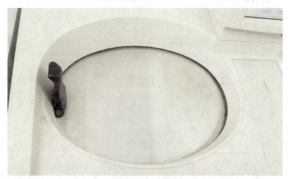

(4) 按"VACUUM"键,启动真空系统。当离心机表盘显示的真空值降至转速所需数值以下时,按"ENTER"键。再次确认各项技术指标正常后,按"START"键,启动离心运行系统。在运行过程中,必须确认离心机无异常振动或声响,并达到设定的各项参数指标,尤其是转速和时间。

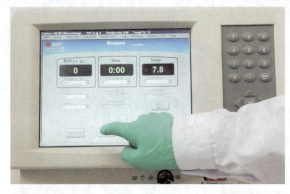

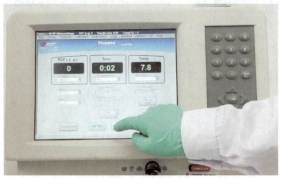

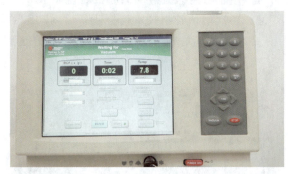

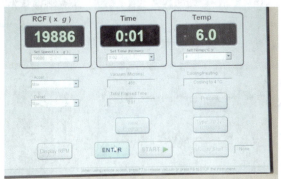

（5）离心结束确认转速和时间均已经归零后，再次按"VACUUM"键，解除真空状态，直至气压平衡。然后打开离心机门盖，小心拿出转子，取下离心管和平衡管，取出离心样品。

生命科学实验室安全与操作规范 ■ · 102 ·

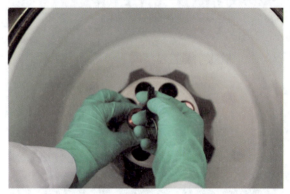

（6）关闭电源，认真做好使用记录。

6.4 紫外分析仪的操作规范

（以 Tanon 2500 型凝胶成像分析系统为例）

（1）打开凝胶成像分析系统总电源开关。

紫外分析仪操作
规范视频

（2）开启电脑至 Windows 处于正常工作状态，双击桌面上的 Tanon MP 快捷方式，打开拍摄程序。

(3) 将标记了荧光物质的凝胶样品放置在样品台上。

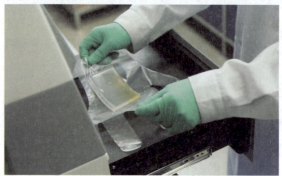

(4) 打开白光灯,调节凝胶位置。使在电脑上的画面内能观察到图像,并使图像处于画面中央。

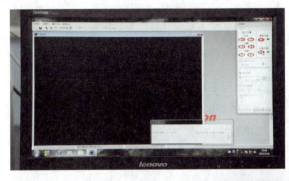

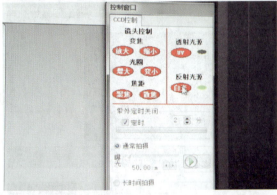

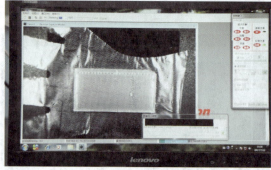

(5) 关闭白光灯后,打开紫外灯。

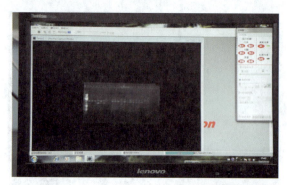

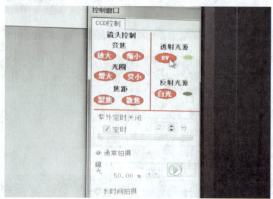

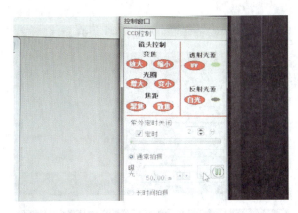

（6）观察凝胶图像，调节光圈大小，调节焦距，使图像清晰。

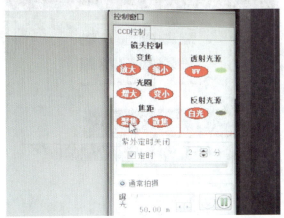

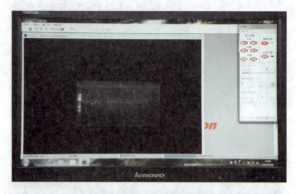

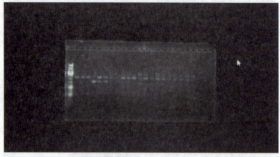

(7) 拍摄并保存图片,然后关闭紫外灯。

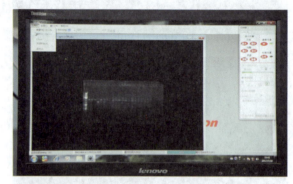

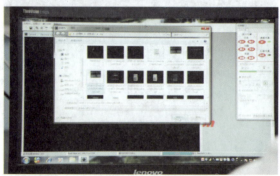

（8）从样品台上取出凝胶，并回收到指定容器内进行无害化处理。

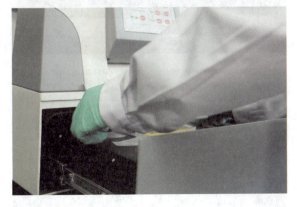

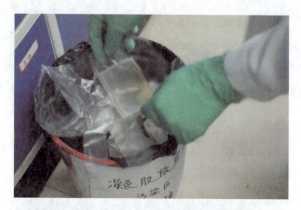

(9) 关闭软件窗口,切断凝胶成像系统总电源,关闭电脑。

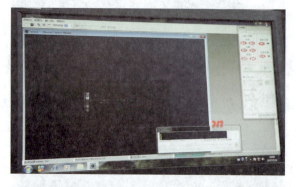

第 6 章 常见仪器操作步骤图解 · 113 ·

参考文献

[1] 世界卫生组织. 实验室生物安全手册[M]. 2版. 陆兵,陈惠鹏,郑涛,译. 北京:人民卫生出版社,2004.

[2] K Howe,MD Clark,CF Torroja, et al. The zebrafish reference genome sequence and its relationship to the human genome[J]. Nature,2013,496:498-503.

[3] 董武. 斑马鱼及相关实验技术[M]. 青岛:中国海洋大学出版社,2006.